マンガでわかる

超カンタン統計学

中西達夫 著
TATSUO NAKANISHI
星井博文 マンガ原作
HIROBUMI HOSHII
松枝尚嗣 作画
NAOTSUGU MATSUEDA

小学館

プロローグ

どうして起こしてくれないの!!
研修が終わって今日から店舗での仕事なのよ。
次女
二階堂千尋《ちひろ》(23歳)
念願だったアパレルメーカーに就職したのにっ。
遅刻なんてありえない。
……
髪にネックレスからまった…
あた
ふた

私は起こしたよ。
せっかく入社したばかりなのに辞めさせられちゃうね。
不吉なこと言わないで
長女
二階堂麗香《れいか》(29歳)
三女
二階堂菜々《なな》(17歳)
パパ ママ そっちの世界はどうですか？ レイ姉ちゃんとナナが健気な私をいじめるんです。
こらこら。
海外赴任してるだけだし…
勝手に殺さないでよね。
チィちゃんそんなこと言ってるヒマあるの？
ヤバいっ！
行ってきます！

TITLE OF OURS
なんとかセーフ…
今日からここが私の仕事場だ。
頑張らないと！
え…
明るい未来を夢見てるところ悪いけど、
そんなに頑張らなくていいと思うよ。
ま…前田先輩…
頑張らなくていい…？
耳貸して。

ボソ
この店閉店するの時間の問題よ。
え⁉
ど…どういうことですか？
3日もいればわかるわ。
いらっしゃいませ――…
3日後
ただいま…

ズバーーーン
うちの店ダメだ…
なるほど…3日いれば店舗が潰れる理由がわかるって言われたんだ。
今日で3日経つよね。どんな感じだった？
まずお客さんがほとんど来ない。
来てもちら見するだけで買ってくれない。
それに店員たちも自分勝手に動いてるから、
オススメするのが売りやすい定番商品ばっかり。

極めつけが店長で…
まだあるのっ？
店長が無能。
在庫減ってるってて大丈夫大丈夫
どうせオレ婦人服よくわかんないし～～～
うわ最悪…
私なりに色々とアイデア出したのに全然話を聞いてくれないし、
今の状態が普通だと思ってるから改善しようともしない。
マニュアルどおりでいいから～
…
けどそれってさ、店長に危機を理解させられないあなたの問題じゃない。
え？
どうせこんなこと言ってるんじゃないの？
『今のトレンドカラーは白です』
『若者はみんなこんな服を買いたいと思っているはずです』
メシ行ってくる～
そうだけど、
なにが悪いのよ？

そんなもの
その人の
主観でしかない
じゃない。
そんなの
当たり前
じゃん。
私の意見
なんだから。
けど、
それじゃあ
人は納得しない。
納得しないと
人は
動かない。
そんな
難しいこと
言われても…
ズ
誰でも簡単に
説得力が
増す方法が
あるのよ。
え？
なにそれ
数字よ。
数字には
説得力があるの。
数字？

数字になんて説得力があるわけないじゃんっ。
そうねぇ
たとえば…
たばこ1本で12分寿命を縮めるのよ。
12
えぇ
そうなのっ
太り気味の人が1ポンド(0・45kg)太ると1か月寿命が縮むわ。
1lb
1か月
1か月もっ!
長生きの数字はないの?
配偶者有りは未婚より男性で9・14年女性で8・43年長生きするって。
9・14年
結婚してぇ!!
チィちゃん単純でいいね。
ウケる
なによそれ
ハァ
ハァ
どう?数字って説得力あるでしょ。
う…うん…
けど私そんな数字知らないよ。
どうしたらいいの?
それは…

統計学を使えばいいの。
！
統計学？
何それ難しそう…
統計学とは数多くのデータから傾向を見つけ出し、
偶然ではない必然を発見することができる手法のことよ。
その結果から未来を推測することだってできる！
…って言ってたわ。
え
どういうこと？
私も教えてもらったばかりだから。
誰に？
隣の家の一平ちゃん。
うそ！

五十嵐
そうだよ
俺が
教えたんだよ。
経営コンサルタント
文関大学講師
五十嵐一平(28歳)
一平ちゃんは今
経営コンサルタント
やってるの。
大学でも
教えてるのよ。
売れっ子だ。
一平兄ちゃんが?
小さい頃は
お姉ちゃんに
イタズラ
ばっかり
してたのに。
ぎゃあ
あ
カエルー
う…
うるさいぞっ!!
それは
ともかく、
私が仕事で
困ってて
相談したら
統計学で
解決できるって
教えてくれたのよ。
へ~…

ちなみに千尋の悩みも統計学を理解すれば解決できると思うぞ。
本当？
じゃぁ私にも教えてほしい！
やだ！
なんでっ！
どうして俺が教えてやらないとダメなんだよ。意味ないだろ。
そういうとこ全然変わってない。
もういい帰る…
意地悪しないで。
でれ
麗香さんにそう言われてしまうとな。
まぁ教えてあげるのはいいけど、お願い聞いてくれるか？
お願いって何よ…
ちょっと来い。
？
どうして外に出るのよ。
麗香さんに聞かれると困るんだよ。
は？
統計学は教えてやる。

麗香さんと
俺の
恋のキューピッドに
なってくれたらな！
絶対に
イヤ！
えええええ
大切なお姉ちゃんを
一平兄ちゃんに
渡すわけ
ないでしょ！
バカ
じゃない!!
レイ姉ちゃん
帰るよ。
統計学
勉強しなくて
いいのか!?
自分で
なんとか
する！

マンガでわかる 超カンタン統計学　目次

第3章

相関　2つの変数の関係 …… 115

第6章

回帰分析　最も代表的な予測方法

付録

エクセルの統計機能を使いこなそう

第1章

分布

データを線で捉えよ

カッ
カッ
エリアマネージャー
万丈《ばんじょう》　薫（27歳）
お疲れ様です、店長。
げ…万丈さんどうしたんですか、急に？
お話があってきました。
あの人誰ですか？
エリアマネージャーの万丈さんよ。
やり手で有名なの。
へぇ…

なんか
キャリアウーマン
っぽくて
かっこいい。
TITLE OF OU
そういうこと
ですので
よろしく
お願いします。
は…
はぁ。
みなさん
開店準備で
忙しいとは
思いますが、
ちょっと
集まって
もらえますか…

ピンポーン
ピンポーン
ガチャ
はーい
!
千尋《ちひろ》
なんだ
こんな時間に。
ちょっと
話があるんだけど。
話?
恋のキューピッドって
何をすればいいのよ?
へ?
だから

レイ姉ちゃんとの恋のキューピッドになるから、
統計学を教えてくれる!?
おぉ! その話か。
もちろん教えてやるさ。
けどどうした急に? この前はあんなに拒否してただろ。
事情が変わったのよ。
みなさんにお話があります。
実は…

この店が閉店の危機です。
TITLE OF
……
……
まぁそりゃそうね。
ねー
え
意外じゃないの?
なんとなくそんな感じはしていました。
そうかもっと早く言ってよ。
僕的にはマニュアル通りやっていたので、問題ないと思ってたんだが…
もっと店独自の売り出し方を模索しろとお達しが来たんだ。

もし3か月以内に売り上げが3倍にならなければ、
この店は閉店になります。
って万丈さんに言われてしまいました。
ちょーこわかった…
さ…3か月か…
なので店の売り上げをアップさせるための知恵を貸してほしい
え
ってことになったの。
その店長自分では考えようともしないんだな…
よく店長になれたな。
けど、チャンスだと思わない?
ん?

もし私の提案が採用されれば私の実績にもなるし、
万丈さんのようなキャリアウーマンになれるかもしれない。
万丈？
まぁ確かに一理あるな。
千尋のキャリアにとって大きな一歩になるかもな。
そうだよ。ピンチはチャンス。せっかく仕事するなら上を目指さないと。
だから統計学教えて。
先払いね。
え…
先に麗香さんとの仲を取り持ってくれ。
ええええ そんなぁ

フッー統計学が先でしょ。
嫌ならいいけど。もったいないなぁキャリアウーマンのチャンスなのに。
わ…わかったわよ。なにすればいいのよ。
そうだな。
じゃあまずはデートだな。
セッティングよろしく。
うう
翌日
今日も安定のヒマね。
ガラーン
前田先輩売り上げアップのアイデア出しましたか？
出さないわよ。
この店何しても無理でしょ。
みんな諦めてるようね…
千尋

来たよぉ。
う……
頑張ってるかぁ？
悪魔に魂を売った罪悪感が…
ズキ
荷物ってどれ？
荷物？
だって昨夜あなたが言ったんじゃない。
お店から持ち帰る荷物が多くて困ってるの。
一平兄ちゃんが手伝ってくれることになったから連れてきてくれない。
うん、いいわよ。
じゅ〜
あ…ああそうだったね。
えっと…それがもう大丈夫になったの。
そう。
はじめて来たけどいいお店ね。
でしょ。

ほら
キューピッド
なんとか
しろ
ここの2階の
お店の
パンケーキ
美味しいから
一平兄ちゃんと
食べてきたら。
時間もあるし
そうする？
はいっ
喜んで。
グッ
何がグッよ。
レイ姉ちゃん
ごめんなさい。
私は悪い
妹なんです。
1時間後
うわぁ
あれ
レイ姉ちゃんは？
用事がある
からって
先に帰ったよ。
また
今度ね
せっかくだから
店舗を
見学させて
もらうぞ。
え

この店
レディース
専門店よ。
買い物目的
じゃないよ。
ほらっ
お客の相手して。
なによ
20代…
30代…25
40代
32
46
お店の次は
ショッピング
モール内の
人を数えてる…

数日後
さぁ約束は守ったわよ。
統計学で店の売り上げをアップさせる方法を教えて。
わかった、わかった。
ちなみにあの店のターゲット層は何歳くらい？
30代を中心としたOLよ。
うん…
やっぱりそうか。
何よそれがどうかしたの？
ん
実際に人数をカウントしても
最も多く訪れるのは30代だったんだよ。
グラフにすると30代を中心とした正規分布のカタチになった。
正規分布？
正規分布とは、いわゆる「釣り鐘型」のグラフのことさ。
身長や体重…センター試験とかでよく見るやつね。

つまり店は目論見通りその30代の集客に成功してるんだ。
けど、視点を変えて見てみたら思わぬ実態がわかった。
え？
視点を変える？
正規分布以外の確率分布に指数分布というものがあってね。
指数分布ってなに？
指数分布とはこのようなすべり台のような形の図になるケースだ。
たくさんの人がでたらめにお金を交換するとこんな形になる。
なにそれ？
お金？
お金大好き！
えっと…これが日本の貯金額の分布ね。
平均値を算出すると1820万円になる。
平均値
1820万円
ええそんなに。
(%)
12.0
10.0
8.0
6.0
4.0
2.0
0.0
標準級間隔における世帯割合
（標準級間隔 100 万円）

日本人ってそんなにお金持ちだったんだ…
貯金額って…
私へ
へ…
ただこの平均値ってのが落とし穴なんだよね。
こうした右肩下がりの分布では正規分布の平均値と違って必ずしも真ん中ではないという特徴がある。
左右非対称だからね。
正規分布
半分
半分以上
指数分布
つまり平均値は中央値に比べて思ったよりも高くなる。
中央値
平均値
だから貯金額はもっと少ないっていうことね。
そうなんだ。
安心した。
ちなみに中央値は1064万円くらいだよ。
それでもすげぇ。
さて本題に戻るぞ
指標になっている年齢層のターゲットはひとまず置いておいて
商品と売れた数の関係を注目したい。
ちなみに君のお店の価格帯は高価格と低価格どちらをメインとして取り扱っている?

うちは低価格で良い商品をうたい文句にしてるよ。

つまりお店の売り上げは低価格が支えているということだね。

そうね。

実はここ数日君の店を観測させてもらった。

えぇあれから毎日!?

本当は資料をもらえば一発なんだけど、
部外者だからね。

そりゃそうだけど。

そこで得た数字を元にして価格帯ごとの売り上げを指数分布の手法で※プロットしてみたんだ。
※軸のあるマップにデータを配置すること
どう思う?

……

この表を見ると…

価格が高い商品も実はしっかりと売れている。
その通りだ。よく気づいたね。
グラフにするとわかりやすいよ。
もし低価格品が売り上げの大部分を占めているならば、このようなカタチになるハズ。
たしかに。
数
高価格
低価格
そしてここで気になるのが、この高価格品を買っているのは誰なのか…ということ。
え…

あくまでも俺が調べた数字が前提だけど、
高価格品の購入者は比較的年齢層が高い人たちだった。
あ…
そうかもしれない…
30代のお客様は見てるだけであまり買ってくれない。
でも年配者は結構高いもの買ってくれてるわ。
そっか…
すごい。
肌感覚も数字にすると明確になるんだね。
つまり統計学で導き出した結論。
売り上げを伸ばすには…
高価格品で勝負してみたらいいんじゃないか!?
ん? どうしたボーとして

すごいね！はじめて一平兄ちゃんがちゃんとした大人に見えた。

はじめてってなんだ！

ありがとう。

店長に話してみる。

まぁ頑張れ。

なんだよカワイイ顔すんなよ
？

翌日
なにっ!?

高価格品？

TITLE OF
ははは　そんなことできないよ。うちの店のターゲットは30代なんだぞ。マニュアルにもそう書いてあるだろ…

販売マニュアル（社外秘）

あぁ 何をするっ!?
全国統一のマニュアルじゃなくて生きたデータを見てください。
どうやって?
使い方くらい知っててくださいよ。売り上げを並べ変えたらいいだけです。
えっと…こうか。
品目 金額
1 プルオーバー 2,700
2 Tシャツ 2,100
3 ジャケット 6,000
4 パンプス 6,000
5 ワイドパンツ 5,000
6 ストール 2,000
7 フラットパンプス 2,700
8 スキニーパンツ 3,200
9 フラットパンプス 4,800

わ…本当だ。

数字は真実を映し出します。

店長!?

し…しかしだね、これまでに高価格の品揃えにした例がない…

うちの店のうたい文句は、低価格で良い品だよ。

プチッ
他にも何かいい方法がないか探してみないか。

確かにそれでうまくいけばいいですけど、悠長なこと言ってるヒマはないんですよね。

残された時間は3か月ですよ。

お店のブランドや特色など新人の私にはわからない様々な諸事情があるんだと思います。

けど
私たちが求められているのは…

売り上げか?

いや
勇気じゃないですか!?

変化を恐れない勇気です!
1か月後
それにしても思い切ったことしましたわね。
は…はい。

まさか40代をターゲットに高価格品帯の品を揃えるなんてね。
TITLE OF OUR
いいんじゃないですか。売り上げもアップしてきたようだし
どんどんチャレンジしてください。
はいっ！
万丈さんが期待してるって。
きゃ〜
うれしい〜

サイコロの出目は公平か

統計学の基本となる分布を説明する前に、まずは簡単な実験からスタートしましょう。

サイコロを使って多人数にでたらめにチップを配ったら、チップはどのように行き渡るでしょうか。６人１組のグループを10組作ります。それぞれのグループごとでサイコロを転がして、1が出たら1番の人にチップを1枚、2が出たら2番の人に1枚、…といった具合に、出た目の番号の人にチップを1枚ずつ渡します。チップは少なくとも30枚用意してください。チップを全て配り終えたとき、各人それぞれ何枚ずつ持っているでしょうか。ここまでで第1段階終了です（図表1－1）。

続いて第2段階。

サイコロを使って、でたらめにチップを交換します。

まず1回サイコロを転がして、出た目の番号の人がチップ1枚を出します。続いてもう1回サイコロを転がして、出た目の番号の人が出されたチップ1枚を受け取ります。出す人と受け取る人の番号が同じだった場合は、自分自身との交換と見なし、結果的にチップの移動はありません。もしチップがなくなってしまったら、その人はチップを出せないものとして、サイコロを振り直します。たとえチップがなくなったとしても、またチップをもらえることがあるので、ゲームオーバーではありません。

図表1-1

第1段階、チップ30枚を配り終えた直後の枚数						
グループ	1番の人	2番の人	3番の人	4番の人	5番の人	6番の人
A	7	6	4	3	5	5
B	4	5	6	8	4	3
C	3	3	4	7	5	8
D	4	6	4	7	6	3
E	4	4	7	5	6	4
F	5	6	6	4	5	4
G	6	2	5	8	6	3
H	4	2	8	4	7	5
I	8	5	2	3	6	6
J	7	4	3	6	5	5

図表1-2

第2段階、チップを300回交換した後の枚数						
グループ	1番の人	2番の人	3番の人	4番の人	5番の人	6番の人
A	1	7	7	0	1	14
B	5	11	4	8	2	0
C	8	9	4	0	5	4
D	0	3	1	20	4	2
E	1	6	8	5	1	9
F	0	10	0	7	0	13
G	0	3	8	1	6	12
H	10	3	16	0	1	0
I	2	12	1	5	3	7
J	1	5	1	0	1	22

この交換を、３００回以上繰り返します。でたらめな交換を繰り返したのだから、チップは全員平等に行き渡ったでしょうか。筆者が試した結果は、図表１－２の通りでした。

交換後の枚数を見ると、０枚、１枚といった「貧乏人」がずいぶんと目立ちました。その一方で10枚以上、最大22枚といった「一握りの金持ち」も目に付きます。つまり交換後の枚数は、およそ平等とは程遠い、一強多弱の世界なのです。

ならばサイコロはいつでも不平等なのかというと、そうでもありません。

図表１－１を見てください。全部で30枚のチップであれば、１人あたり平均５枚ずつ。配り終えた直後の枚数は、多くが４〜６枚の間に収まっており、どちらかと言えば平等に近い状態です。おそらくこちらの方が、直感的にイメージする「でたらめな分け方」に近いのではないでしょうか。同じように「でたらめに配った」結果であっても、配り終えた直後と、何度も交換した後では、全く様子が違います。

この違いを、もう少し詳しく調べてみましょう。

図表1-3

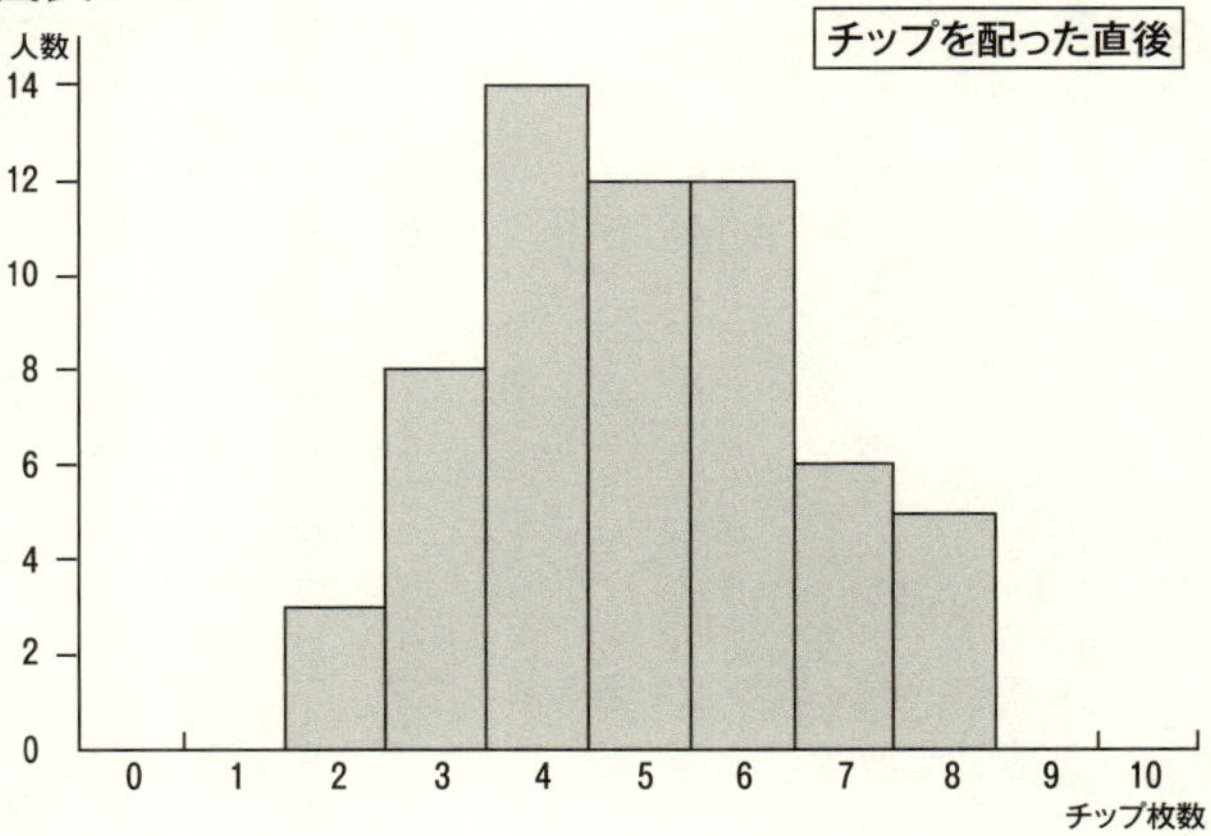
チップを配った直後
人数
14
12
10
8
6
4
2
0
0
1
2
3
4
5
6
7
8
9
10
チップ枚数

図表1-4

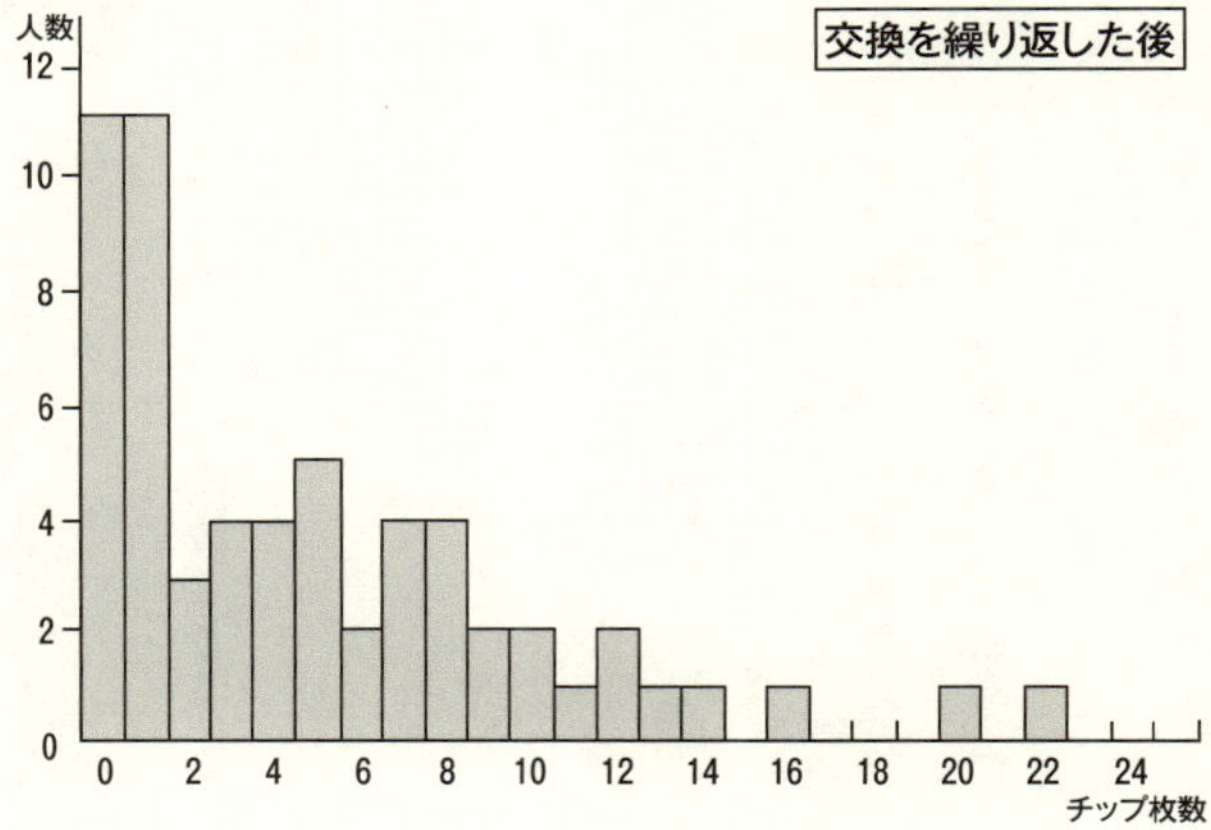
交換を繰り返した後
人数
12
10
8
6
4
2
0
0
2
4
6
8
10
12
14
16
18
20
22
24
チップ枚数

配り方を描く「ヒストグラム」

チップを配った様子を一目でわかるように、グラフに描いてみましょう。よく使われているのは、縦軸に人数を、横軸にチップ数を描いた棒グラフです。

前ページのグラフは、6人×10グループ＝60人を、持っていたチップの枚数ごとに数え上げたものです。こうして描いた棒グラフを「ヒストグラム」と言います。

ヒストグラムにまとめると、データを形として感覚的に見ることができます。

たとえば「チップを配った直後」に5枚のチップを持っている人の数は、図表1－3を見ればわかるように12人です。チップを配った直後の枚数は、多くの人が4～6枚のところに集まっていて、全員が2～8枚の間に収まっていることが、このヒストグラムから読み取れるでしょう。

一方、図表1－4の「交換を繰り返した後」のヒストグラムでは、チップ0枚が11人、チップ1枚も11人、チップ5枚が5人。その一方で、グラフの右側を見ると、チップ20枚が1人、チップ22枚が1人いることが読み取れます。

もっと人数を増やして、100人、1000枚のチップにしたらどうなるでしょうか。パソコン上で試した結果、図表1－5、1－6のようになりました。（100人×10グループの合計、15万回交換）

図表1-5

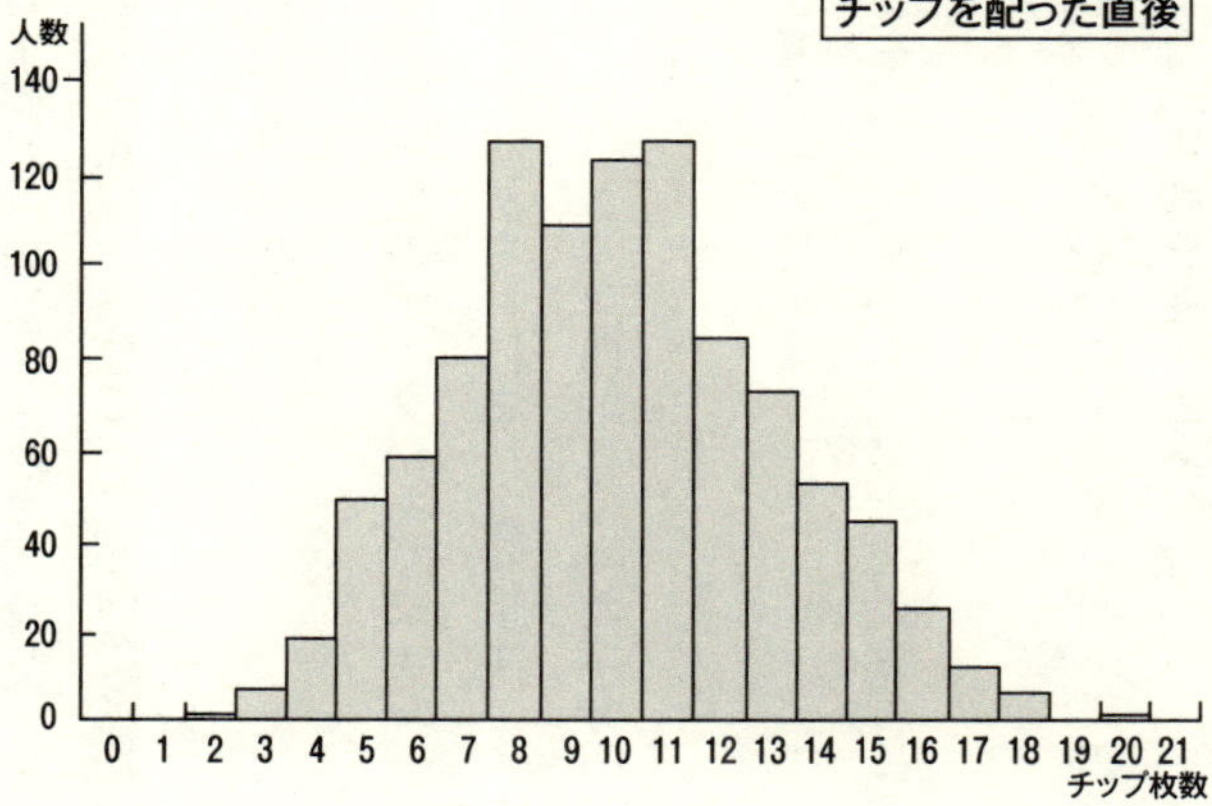

チップを配った直後
人数
140
120
100
80
60
40
20
0
0 1 2 3 4 5 6 7 8 9 10 11 12 13 14 15 16 17 18 19 20 21
チップ枚数

図表1-6

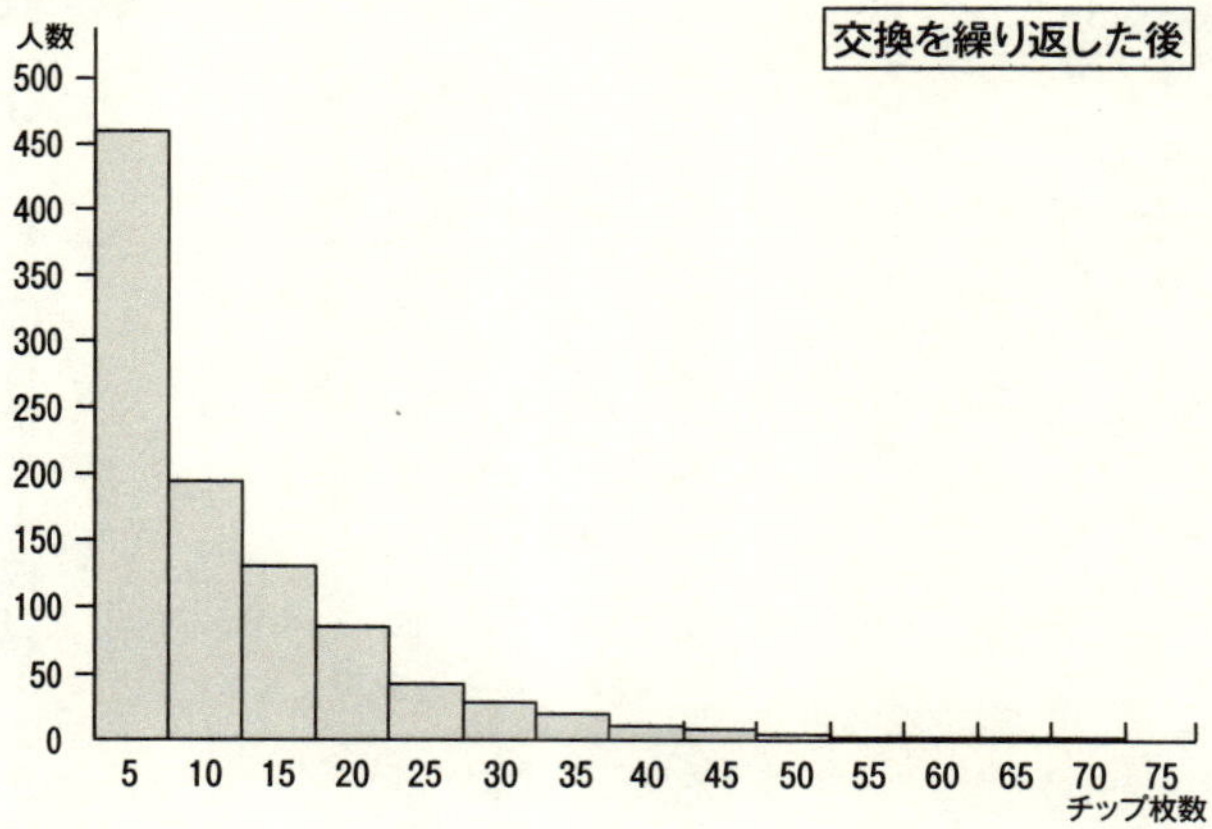

交換を繰り返した後
人数
500
450
400
350
300
250
200
150
100
50
0
5 10 15 20 25 30 35 40 45 50 55 60 65 70 75
チップ枚数

チップを配った直後の図表1－5のヒストグラムは「平均を中心とする釣り鐘型」を、交換を繰り返した後の図表1－6のヒストグラムは「一方的に右肩下がり」な形をしています。

なお、右下がり型のヒストグラムは見やすくするため、「5」のところは「1枚以上～5枚以下」という意味で、5枚ごとの範囲で区切っています。

確率分布の発見

世の中には無数のデータがありますが、それらデータを集めたヒストグラムの形は、数少ないいくつかのパターンにまとまります。データが集まってできたパターンのことを「分布」と呼んでいます。より専門的には**「確率分布」**と言います。なぜデータが集まるとパターンが生じるのか不思議ですが、「データ（事象）の背後には、元になるメカニズム（法則）がある」からだと考えられています。

チップを配る実験から、私たちはすでに2種類の分布を目にしています。

1. チップを配り終えた直後の「平均を中心とする釣り鐘型」の分布
これは**「正規分布」**と名付けられています。
2. 交換を繰り返した後の「一方的に右肩下がり」の分布
これは**「指数分布」**と名付けられています。

図表1-7

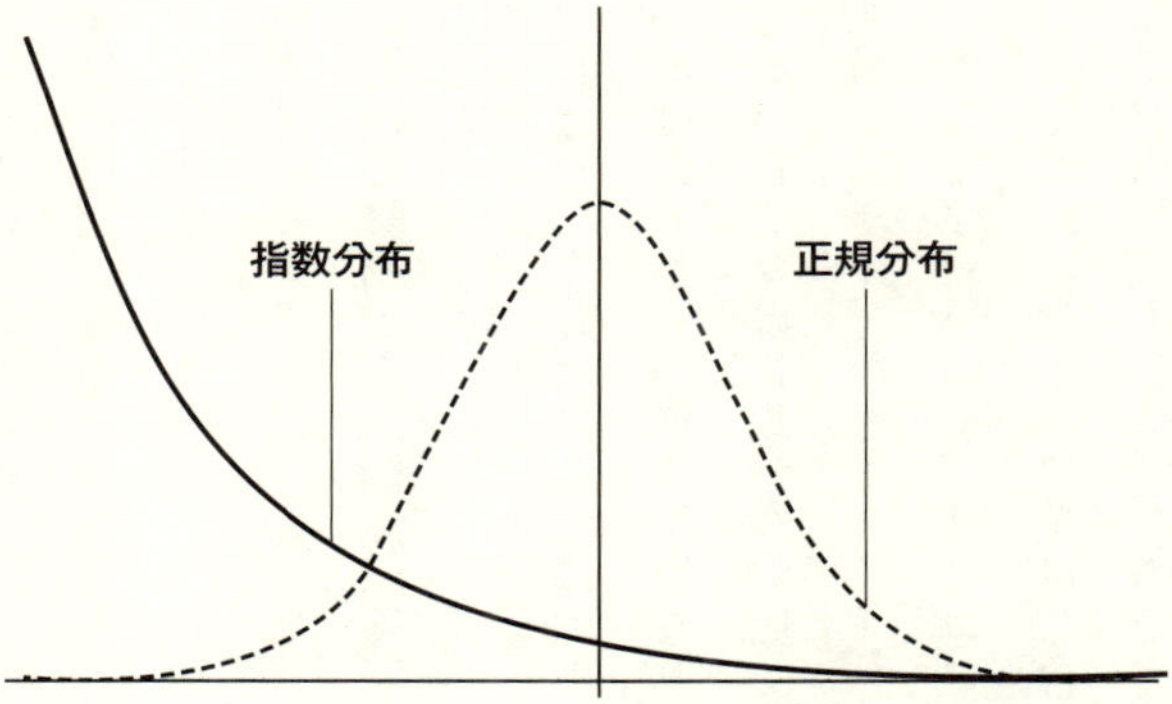

ただ数字を集めた「集計」と、データの傾向を調べる「統計」との違いは、分布を意識するかどうかの違いです。

たとえば、佐藤さんがチップ5枚、田中さんがチップ3枚、…というのが「集計」。「チップの枚数は指数分布という法則に従う」というのが「統計」です。分布には、詳しく調べれば分厚い事典がつくれるほど数多くの種類があるのですが、幸いなことに、普段よく使う分布はそれほど多くはありません。数ある分布をザックリ分けるなら、「釣り鐘型」と「右下がり型」の2グループとなります。

「釣り鐘型」の代表格が「正規分布」。「右下がり型」の代表格には、「指数分布」と**「ベキ分布」**（後で詳述します）の2つがあります。

統計学では正規分布が主人公

正規分布は、世の中の至るところに顔を覗《のぞ》かせる〝分布の王様〟です。

＊大きな集団の身長、体重
＊学力テストの結果
＊雑音（ガウスノイズ）
＊繰り返し測った計測誤差（偶然誤差）

などは、正規分布に従います。

「30代を中心としたＯＬ」のように、平均を中心とするデータであれば、まずは大ざっぱに正規分布を当てはめても見当違いにはなりません。

なぜ、それほどまでに正規分布が広く見られるのでしょうか。

その理由は、「でたらめなデータをたくさん足し合わせた結果は、ほとんどの場合、正規分布となる」からです。早い話、サイコロを何度も転がして、出た目を足し合わせた結果が正規分布です。たくさんのサイコロを足し合わせた様子を、ヒストグラムで見ましょう。サイコロは1～6までが均等に出るはずなので、６個の目をヒストグラムにまとめると、図表１－８のようになります。

図表1-8

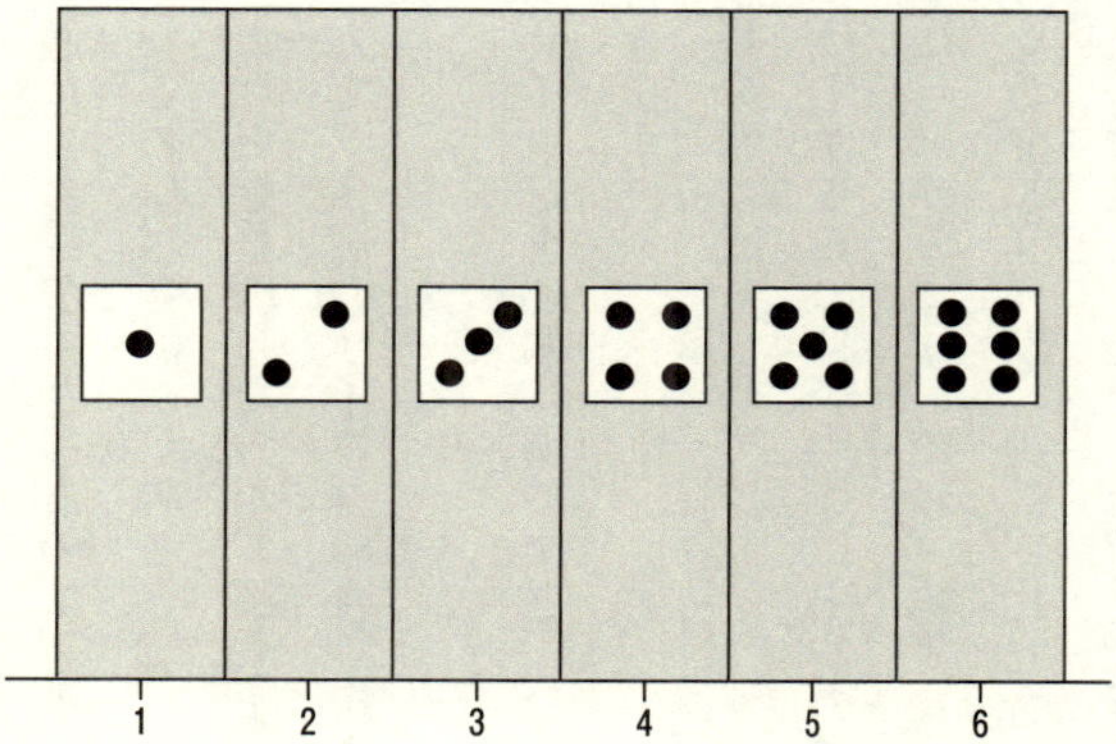

図表1-9

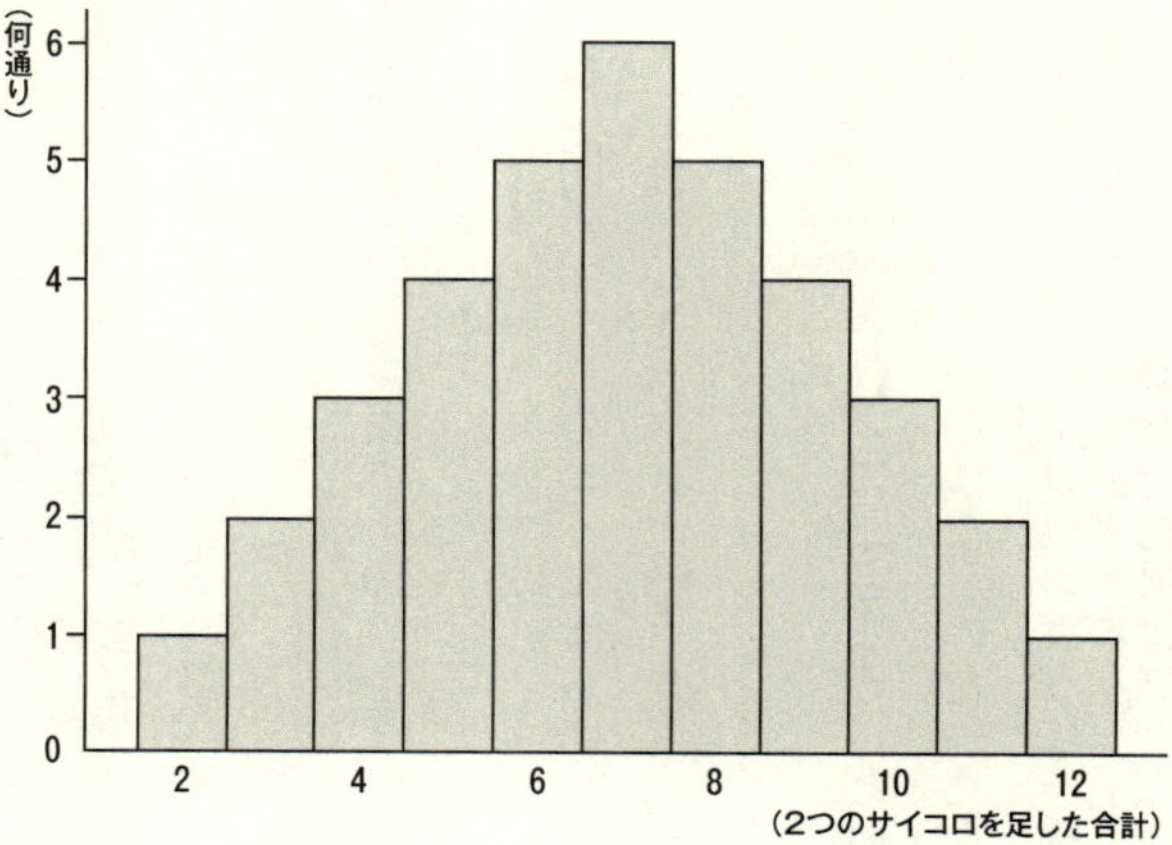

次に、サイコロを2個に増やしてみましょう。2つのサイコロの出る目の組み合わせは全部で6×6＝36通り。

2個のサイコロで合計が2となるのは1＋1の1通りです。合計が3となるのは、1＋2と、2＋1の2通り。合計が4となるのは、1＋3と、2＋2と、3＋1の3通り。場合の数がいちばん多くなるのは、合計が7のときで、1＋6、2＋5、3＋4、4＋3、5＋2、6＋1の6通り。これらを整理したのが、図表1－9です。

同じ考え方で、3個のサイコロの合計をまとめたヒストグラムは、図表1－10のようになります。

そして、サイコロを10個に増やすと、ヒストグラムの形は図表1－11のように滑らかな釣鐘型に近付きます。

これが正規分布の成り立ちです。

サイコロは1から6の目が均等に出るので、足し合わせた結果がきれいにまとまる、というのは感覚的にもわかります。では、均等なサイコロではなく、もっといびつなものだったなら、結果はどうなるでしょうか。実は、足し合わせの元になるデータは、サイコロのように一様でなくてもかまいません。たとえ不平等な元データであっても、足し合わせた結果はほとんどの場合、正規分布に収まります。たとえば、先に見た不平等なチップの分布は「指数分布」だったのですが、この指数分布をたくさん足し合わせた結果は正規分布に変身します。いま仮に、

図表1-10

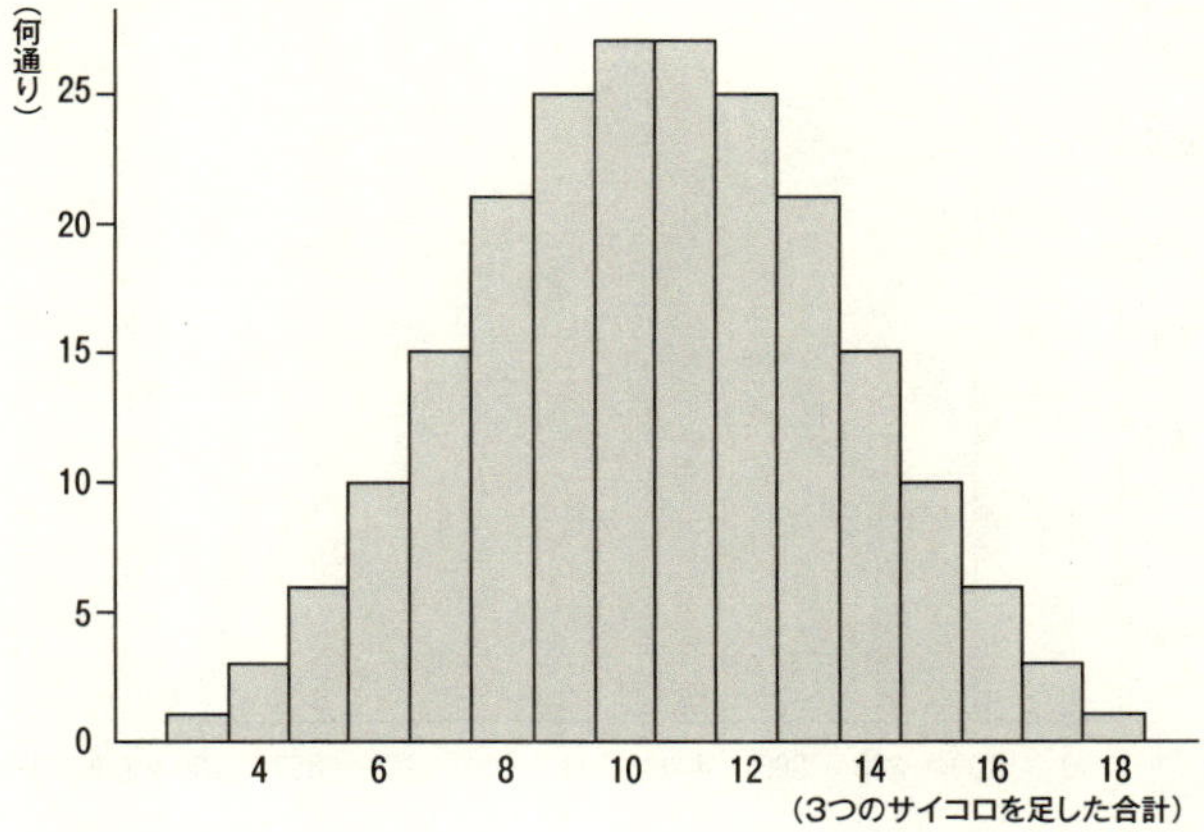

（何通り）
25
20
15
10
5
0
4
6
8
10
12
14
16
18
（3つのサイコロを足した合計）

図表1-11

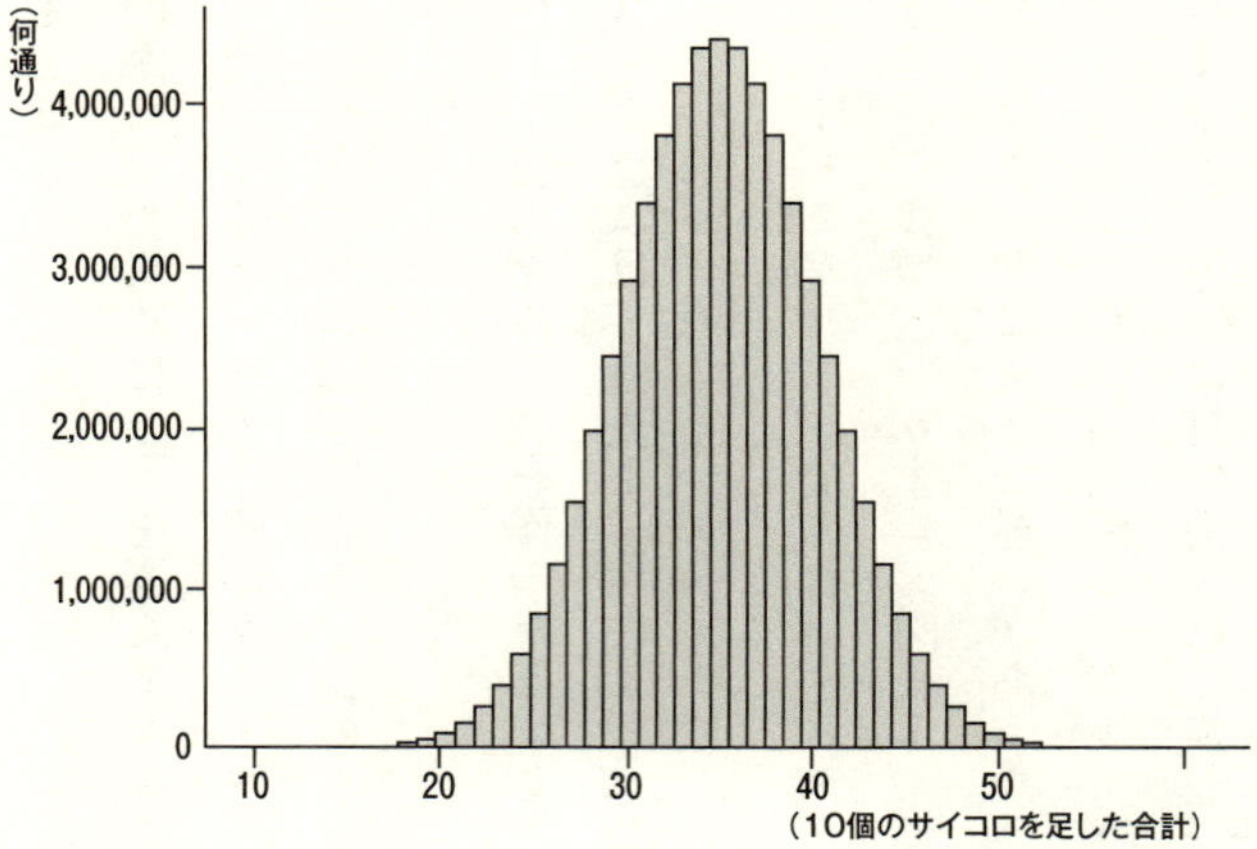

（何通り）
4,000,000
3,000,000
2,000,000
1,000,000
0
10
20
30
40
50
（10個のサイコロを足した合計）

図表1-12

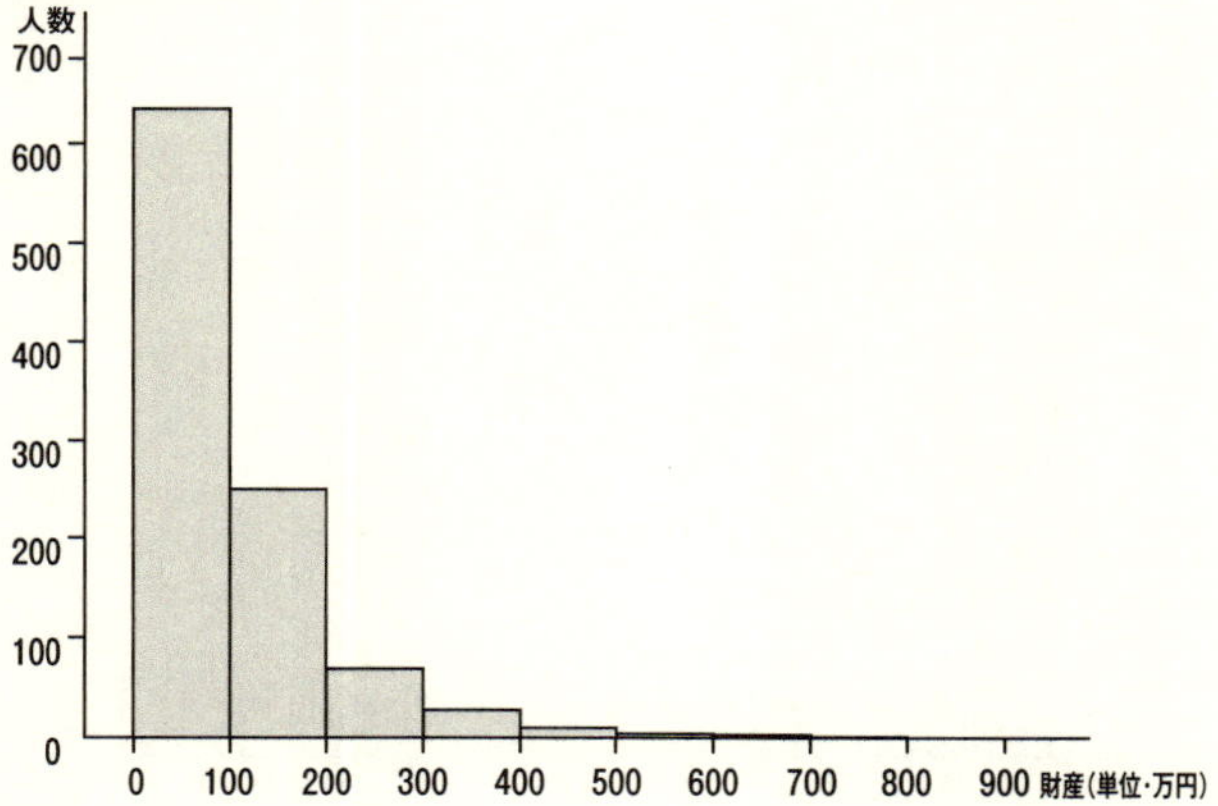

ある小さな会社に勤める社員全員の財産のヒストグラムが、図表1－12のような指数分布だったとしましょう。

この中からでたらめに3人を選んでグループをつくったとすると、3人1組のグループ全体の財産のヒストグラムは、図表1－13のような形になります。

もし10人1組のグループを作ったとすると、そのヒストグラムは、図表1－14のようになります。

100人1組のグループであれば、ヒストグラムはほぼ釣り鐘型となります（図表1－15）。

つまり、個人の間に大きな違いがあったとしても、個人が集まった（同規模の）グループ同士で比較すると、違いは打ち消されて横並びになるということです。

『元データがどうであれ、たくさん足し合わせ

図表1-13

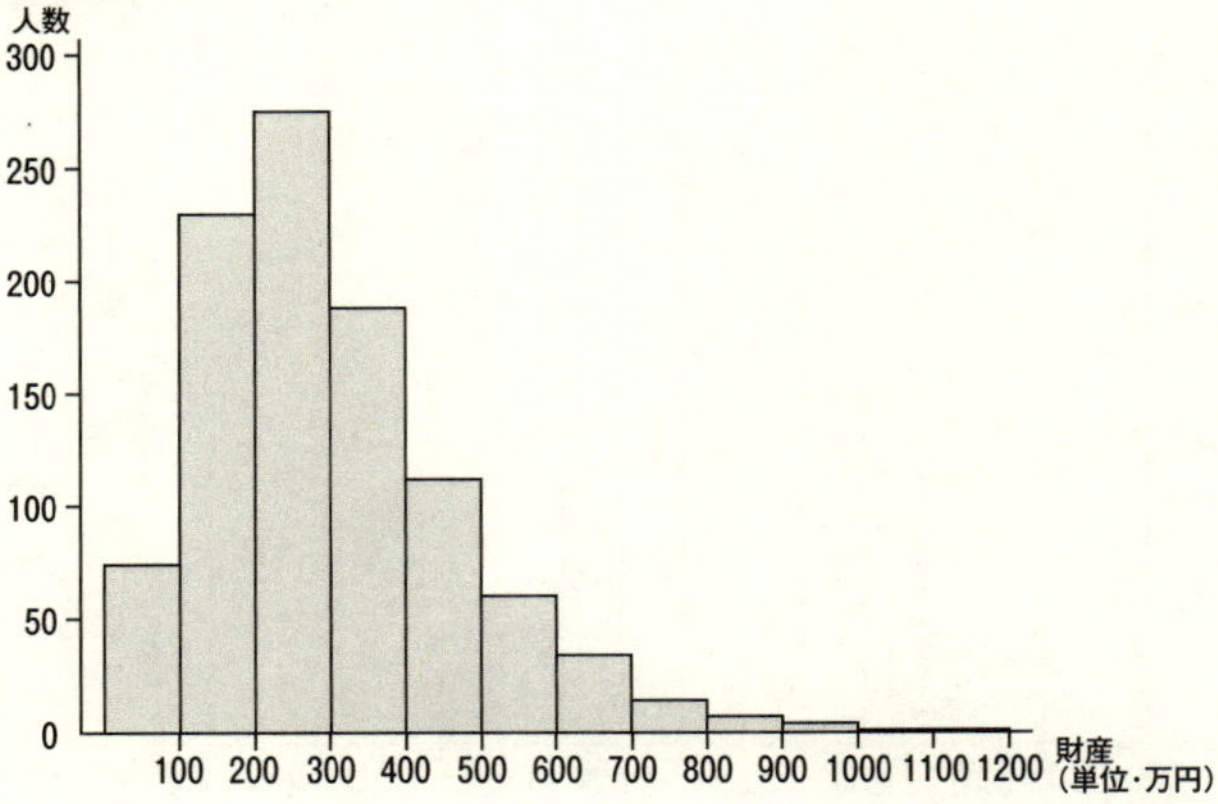
人数
300
250
200
150
100
50
0
100 200 300 400 500 600 700 800 900 1000 1100 1200
財産
(単位・万円)

図表1-14

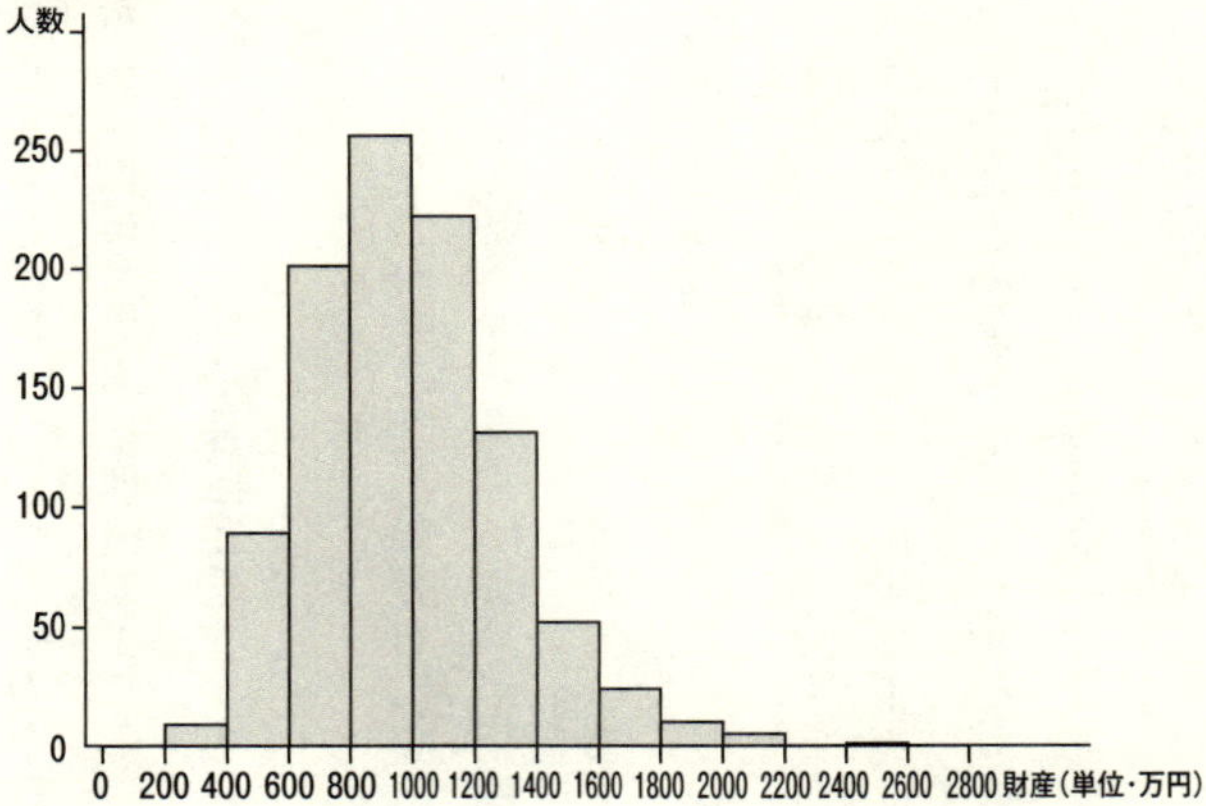
人数
250
200
150
100
50
0
0 200 400 600 800 1000 1200 1400 1600 1800 2000 2200 2400 2600 2800
財産(単位・万円)

図表1-15

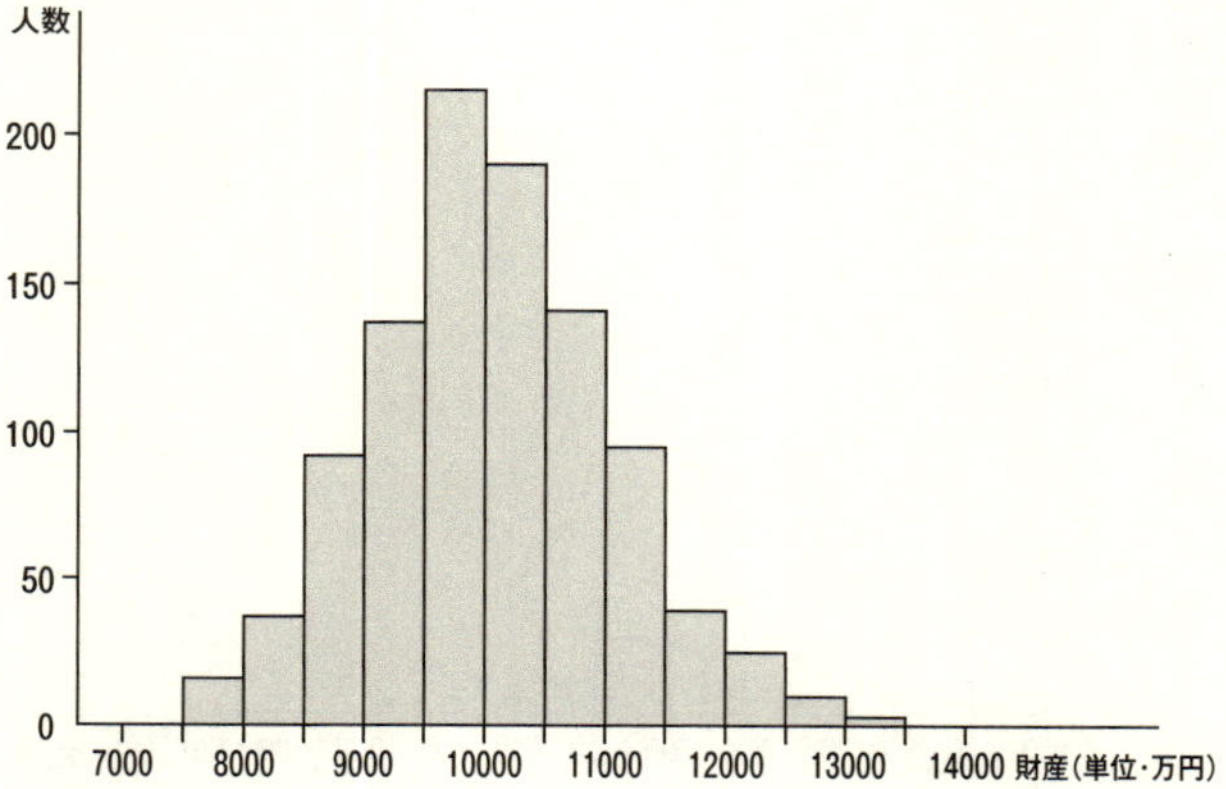

ると、正規分布になる』（これは大ざっぱな言い方で、正確には幾つかの成立条件があります）。

これは正規分布の持つたいへん強力な性質で、正規分布が「正規」である理由です。この性質は、数学の言葉で**「中心極限定理」**と名付けられています。

たくさん足し合わせると正規分布になるのなら、とにかく正規分布を調べれば、データの法則が見えてくるはずだ……。統計学はまずこの方向に発展しました。

今日、統計学の教科書のほとんどは、正規分布が主人公です。おそらく「正規分布」という名前を聞いたことがあっても、「指数分布」を知っている人は少ないのではないでしょうか。

ここに1つの落とし穴があります。

世の中には、正規分布以外のデータもある、という事実です。

たとえば会社で扱うマーケティング・データや、貯蓄額といった社会統計には、正規分布ではないものが頻繁に現れます。製品ごとの売り上げランキングや、ウェブサイトのアクセス数なども、多くの場合「右下がり型」です。そうしたデータの概形を確認しないまま、何でもかんでも正規分布に放り込んでしまうと、見当違いな結果になりかねません。調べたいデータが「釣り鐘型」なのか、「右下がり型」なのか、まっさきに確認すべきポイントです。

「平均値」に騙されてはいけない

なぜ、まっさきに分布の形を確認すべきなのでしょうか。

それは、分布によって「平均」という言葉の意味が、まるで変わってくるからです。たくさんのデータを目の前にしたとき、私たちは、ほぼ無意識のうちに平均との比較を行いがちです。テストの点数が、クラスの平均よりも上か下か。ただ、こうした平均と比較するクセは、暗に分布が「釣り鐘型」だという前提の上に成り立っています。

「平均が真ん中」なのだから、それより上か下かが気になる、というわけです。

しかしながら、この「平均が真ん中」という感覚は、常に正しいわけではありません。たとえば日本の貯蓄額の平均値は、マンガで見たように、感覚的に想像よりもずっと高いところにあります。平均より下の人数の方が、上の人数よりずっと多いのです。なぜなら、貯蓄額の分布は「右下がり型」だからです。

図表1-16

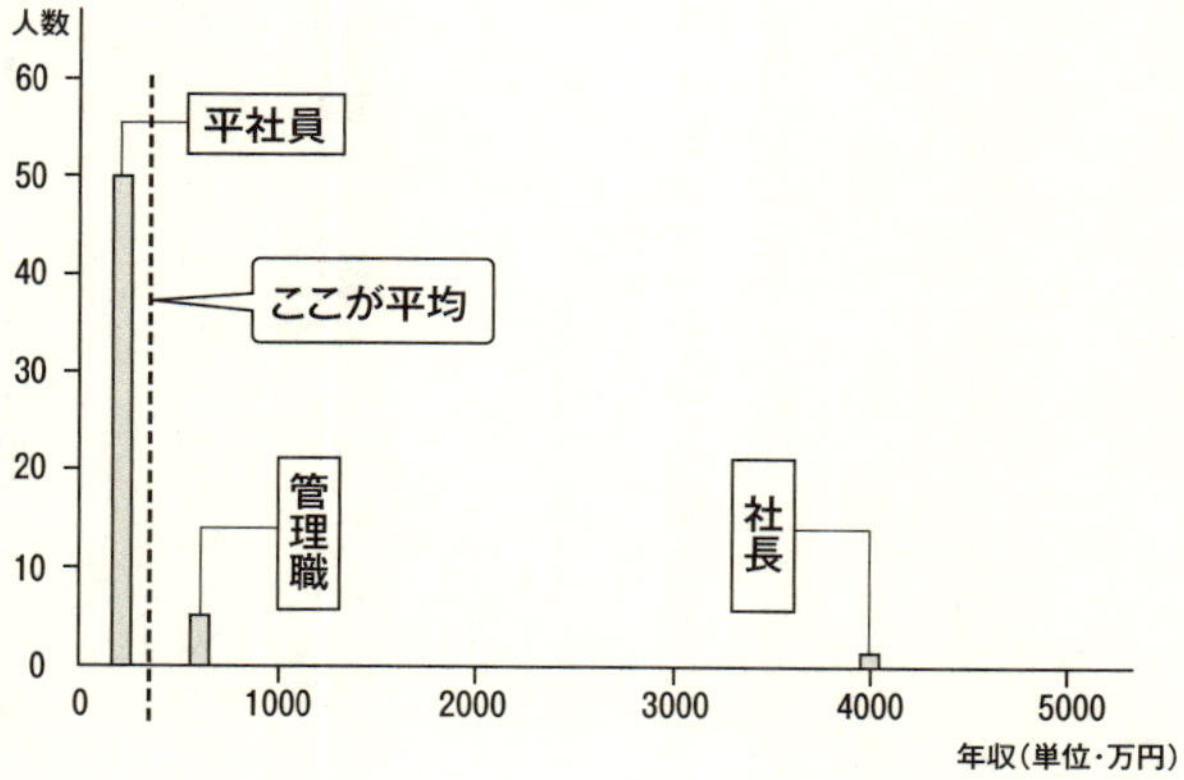

「平均的な給料」の意味を、図表１－16のような会社を仮定して確かめてみましょう。

年収４０００万円の社長が１人、年収６００万円の管理職が５人、年収２００万円の平社員が50人の会社があったとします。４０００万円＋３０００万円＋１億円で総人件費は１億７０００万円になります。この数字を全従業員数56人で割ると平均年収になりますね。

この会社の〝平均年収〟を計算すると３０３万５７１４円となります。ということは、会社全体の90％（正確には89％）を占める平社員にとって、「平均収入は自分の収入の１・５倍！」、つまり「90％の社員は平均以下！」なのです。

つまり、この会社のようなピラミッド型の組織では、平均との比較にはあまり意味がないのです。「右下がり型」の分布では平均値よりも、役職の違いを表す数値（たとえば管理職と平社

図表1-17

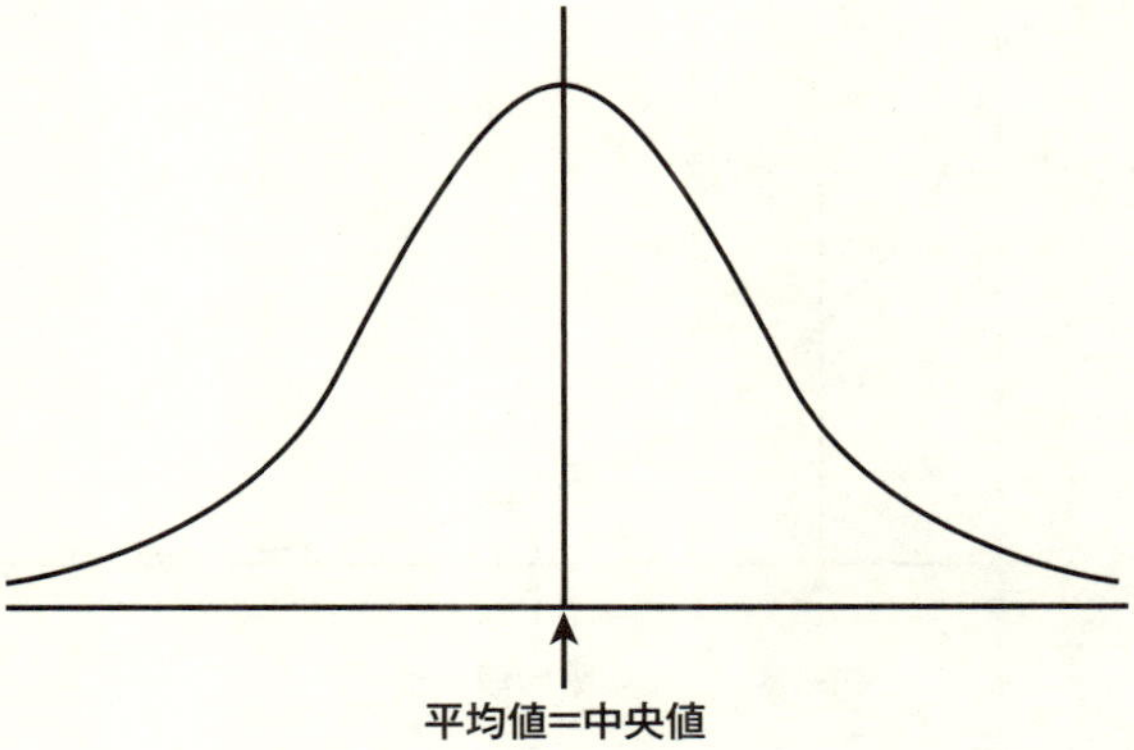

員の割合など）の方が、よりよく実態を表しています。あるいは金額の平均値ではなく、上から数えて半分となる順位の値を示した方が、より感覚的な真ん中に近くなります。

上から数えて半分となる順位の値のことを「**中央値（メディアン）**」と言います。

この会社では全社員が56人なので、中央値は、真ん中の順位に相当する平社員の２００万円となります（28番目の社員の年収２００万円と、29番目の社員の年収２００万円の中間となります）。

「平均値だけでなく、中央値にも着目せよ」というフレーズの背景には、分布の形が左右均等に平等か、ピラミッド組織のように不平等かの違いがあります。逆に、平均値と中央値がどれほどかけ離れているかに着目すれば、平等か、不平等かの違いが読み取れるわけです。平均値

図表1-18

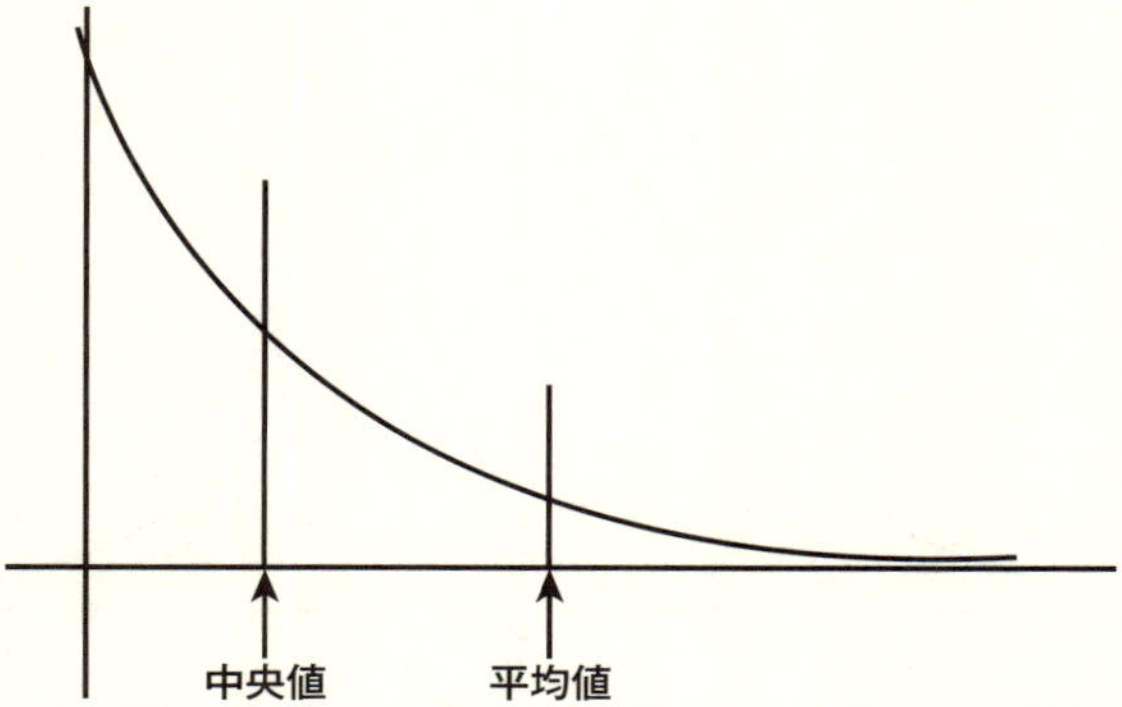

と中央値が一致していれば、分布は左右均等に平等で、大きくかけ離れていれば、分布は左右で不平等です。

・釣り鐘型―平均値を見る。
・右下がり型―格差を表す数値に着目する。あるいは中央値を見る。
・他のタイプの分布―それぞれ着目のしどころがある。

このように、データの目の付けどころは分布の形によって違います。それゆえ、まずは相手となる分布のタイプを見定めておくことが肝心なのです。

「右下がり型」分布のメカニズム

さて、「釣り鐘型」の分布については、先に「たくさん足し合わせると、正規分布になる」

ことを見てきましたが、それでは「右下がり型」の分布はどんなところに見られるのでしょうか。

実は一口に「右下がり型」といっても、その中には性質の異なるいくつかの分布があります。

ここでは、実際よく目にする「指数分布」と「べキ分布」の2つを取り上げます。

○指数分布のメカニズム

指数分布とは、でたらめにチップを交換した後の枚数に見られるような〝不平等な〟分布です。

＊貯金額の分布
＊昇進・昇段する人の人数
＊分子に行き渡るエネルギーの分布
＊1件当たりに費やすサービス時間の長さ
＊一定の確率で起こるイベントの時間間隔

などが、指数分布の実例です。

指数分布は日常的には馴染《なじ》みが薄いかもしれませんが、「エネルギーをでたらめに配ったら指数分布になる」という事実から、物理・化学の世界では基本法則と見なされている分布です。

なぜ、指数分布のような右下がり型の分布ができるのか。

図表1-19

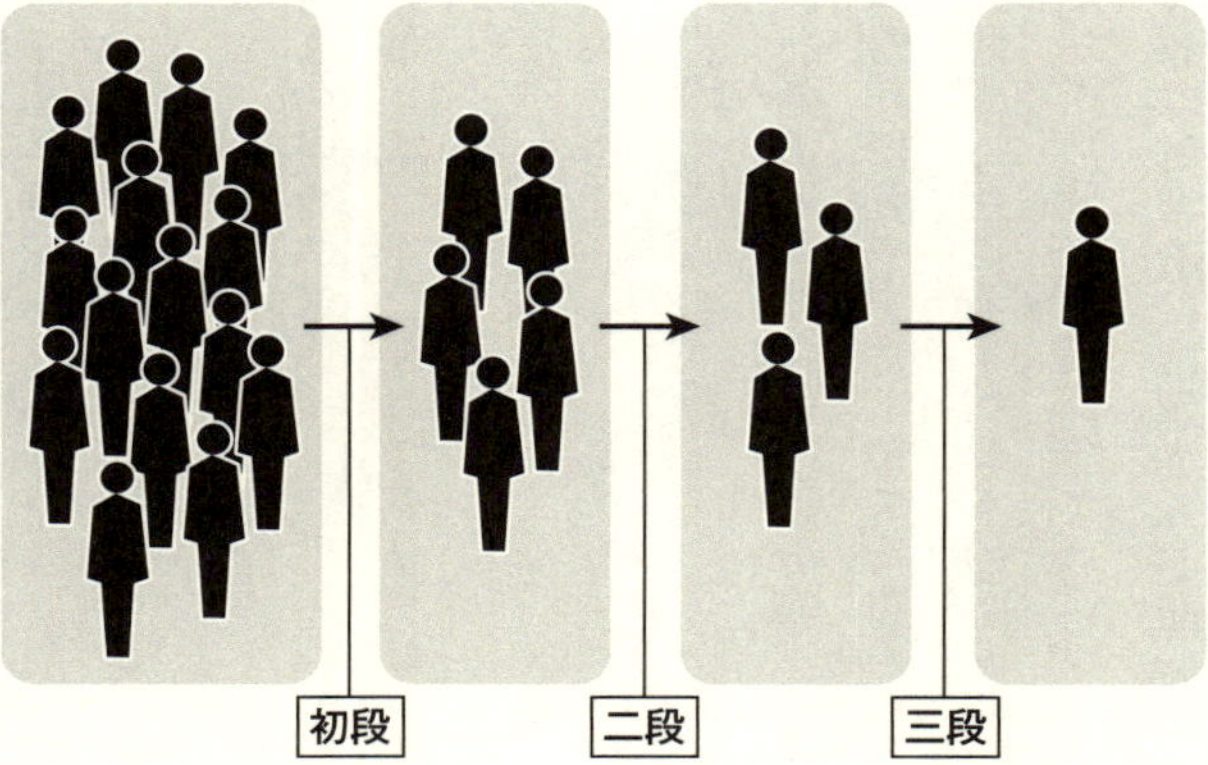

仮に将棋の昇段審査にたとえて見てみましょう。いま、１００人が一斉にスタート地点に立って、初段の昇段試験を受けたとしましょう。その結果、運と実力に優れた半分の50人が合格し、残り50人が不合格だったとします。

この時点で初段に50人が残ります。次に、合格した50人が2段の昇段試験を受けたとします。ここでも半分の25人が合格し、残りの25人が不合格だったとします。これを、3段、4段……と繰り返して、それぞれの段数に残った人数を数え上げた結果が指数分布です。

では、昇段試験と、でたらめなチップ交換の結果がなぜ同じになるのでしょうか。

でたらめなチップの交換とは、昇段試験と同じことを、個々に細かく行っているだけだからです。チップをもらった人は〝合格〟、失った人は〝不合格〟だと思えば納得がゆくでしょう。

むしろ不思議に思うのは、昇段試験は「運と実力」なのに対し、チップ交換は「運だけ」という違いがあるにもかかわらず、同じような結果になることです。

統計の結果のみからすれば、実力の有無はあまり関係ないわけです。

あるいは〝実力があるという幸運〟に恵まれたことが、統計結果への表れなのです。

○ベキ分布のメカニズム

同じ「右下がり型」でも、ベキ分布は、指数分布とはまた違った性質の分布であると考えられています。「ベキ」は漢字で書けば「冪」となり、ある数の2乗、3乗…といった冪乗のことを意味します（数式記号で書けば、x^2，x^3…のこと）。

＊音楽ＣＤや書籍の売り上げランキング
＊ウェブサイトのアクセス頻度
＊都市人口の大きさ
＊会社の規模
＊単語が文章の中に登場する頻度（ジップの法則）
＊地震の大きさ

などがベキ分布に従います。

同じ「右下がり型」の指数分布と比べると、ベキ分布の方がいっそうグラフのカーブがきつ

図表1-20

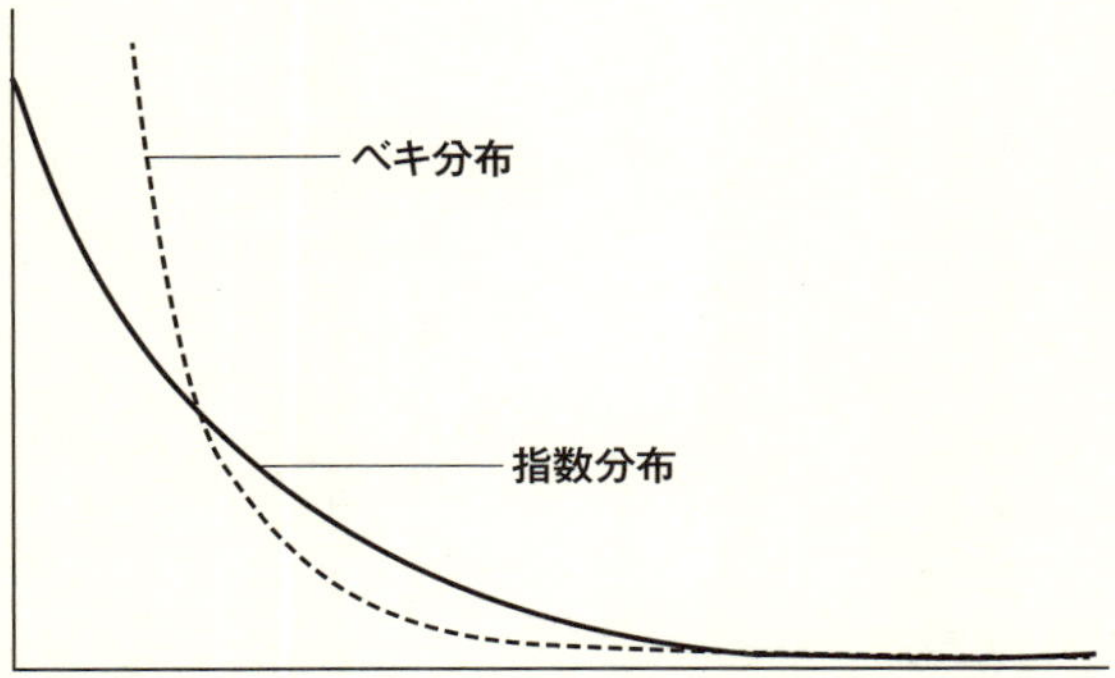

図表1-21

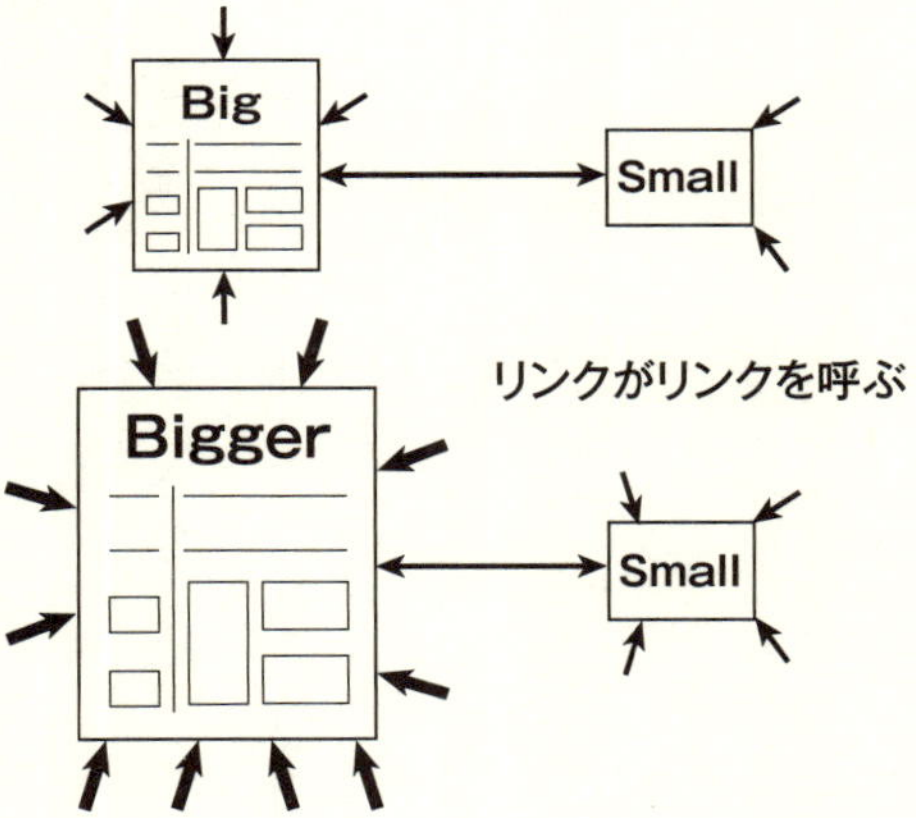

く、桁外《けたはず》れに大きなデータを含んでいることが特徴です（図表1－20）。

ベキ分布は統計学の歴史からすると、比較的最近になって着目されるようになった分布です。きっかけの1つはインターネットの普及にありました。インターネット上でのアクセス数を比べると、googleやyahooのように極めて大きな一部のサイトと、比較的少数のアクセスからなるたくさんのサイトに分かれます。それらのアクセス数を集計すると、ベキ分布となることが判明したのです。

なぜ、サイトのアクセス数はベキ分布となるのか。

そのメカニズムは「口コミが口コミを呼ぶ」ところにあります。あるサイトが新たに獲得するリンク数は、サイトの人気に比例すると考えてみましょう。10個のサイトからリンクされているる人気サイトは、1個のサイトからしかリンクされていないサイトに比べて、次のリンクを獲得するチャンスが10倍あるのだということです（図表1－21）。この考え方で、たくさんのサイトに次々にリンクを貼ってゆくと、できあがったネットワーク全体のリンク数はベキ分布となります。

売り上げの80％は全商品の20％が支えている

口コミが口コミを呼ぶ、というところからわかるように、ベキ分布は人気が左右する商品の売り上げによく見られます。たとえば音楽CDや映像（ブルーレイ、DVD）、書籍の売り上げなどです。

マンガにあるようなアパレル商品の売り上げも、多くの場合べキ分布となります。つまり、一部の人気商品がお店全体の売り上げを引っ張っている、といった状況です。

経済の世界に**「パレートの法則」**と呼ばれる法則があります。「全体の80％は、20％が生み出している」というルールのことで、俗に「80：20の法則」とも呼ばれています。

・売り上げの80％は、全商品のうちの20％が支えている。
・売り上げの80％は、20％の優良顧客によって支えられている。
・80％の仕事は、20％の時間でこなしている。
・80％の食料を、よく働く20％のアリが集めてくる（働きアリの法則）。
・80％のアクセスが、20％のページに集中する。
・故障の80％は、20％の部品に原因がある。

などなどです。

パレートの法則の生みの親は、イタリアの経済学者ヴィルフレド・パレートです。パレートは人々の所得の分布（特に高所得者の分布）が、べキ分布となっていることを発見しました（1896年）。今日、経済学や社会科学で用いられている「パレート分布」は、べキ分布の1つであると捉えられています（「所得」の分布は、先に挙げた「貯蓄」の分布とは異なっています）。

パレートの法則は、ビジネスシーンに幅広く適用することができます。80％の原因が20％にあるのなら、その20％に集中すれば、問題の80％が解決するという理屈になります。パレートの法則を見出す確実な方法は、とにかくデータを集計し、ヒストグラムを作ってみることです。たとえばマンガで見たように、「価格帯ごとに、売り上げのヒストグラムを作ってみる」ことで、どの価格帯に集中すべきか、方針がはっきりすることでしょう。

他にも様々な切り口があります。

「商品ごとに、売り上げ個数のヒストグラムをつくってみる」
「顧客ごとに、購買金額のヒストグラムをつくってみる」
「業務内容ごとに、コストのヒストグラムをつくってみる」
「トラブルの原因ごとに、件数のヒストグラムをつくってみる」

もちろんヒストグラムはビジネスの内容ごとに変わるので、絶対確実な法則はありません。それでも実際にデータを集計してみると、多くのシーンにパレートの法則が当てはまることに、きっと驚かれると思います。

これまで記してきたように、たくさんのデータを集計した形は、いくつかの典型的なパターンにまとめることができます。そのパターンのことを「分布」と呼んできました。本章では、最も代表的な3つの分布を見てきました。

・正規分布―「釣り鐘型」、でたらめなデータをたくさん足し合わせた結果
・指数分布―「右下がり型」、チップやエネルギーをでたらめに交換し合った結果
・ベキ分布―「右下がり型」、口コミが口コミを呼ぶようにして発展した結果

分布には1つ1つ、成り立ちのストーリーがあります。それらのストーリーは、そのまま世界を形づくるデータのストーリーでもあります。そのため分布は無数にあり、ストーリーにも終わりはありません。それでも、無数にある色彩を赤青黄色の3色から始めるように、分布も大きく分けて上記の3つからスタートするのが良いように思います。

1．データを見たら、まずヒストグラムに集計すること。
2．ヒストグラムの形から、どのような分布が当てはまるかを考えること。

これが統計学の出発点です。

第2章

分散

データの塊を真ん中と広がりで捉える

二階堂さん！
店長に高級路線に変更することを進言したらしいじゃない。
やめてよね仕事が増えるじゃない。
10年目
前田留美
え…けど…
何かしないと潰れちゃいますよ。
何やっても潰れるわよ。
気にしちゃだめ！
これからは私たち新人が頑張ってお店を盛り上げていきましょう。
2年目
中島真《ま》凛《りん》
私、今日Tシャツ5枚も売っちゃった！
すごいですね！
あ いらっしゃいませ～
そちらのTシャツオススメですよ！
よし頑張ろう！

ち・ひ・ろぉおおおお…
ぎゃあああああああああ！
何やってるのよ一平兄ちゃん！
気持ち悪い！
相談にのってくれよぉ…
相談…？
はあ
麗香さんとの距離が詰められないんだよ。
あ

知らないわよ。
時間ないんだけど。
そんなこと言わないで、なんとかしてくれよ！
デートはこの前設定したでしょ。私はやれることはやったし、
あとは自分の問題じゃない。
ちゅ〜〜
女性は数字通りいかないんだよぉぉ！
最低。
最後まで面倒みてくれよぉ！
カツ
二階堂さん。お昼休み？
ちょっといいかしら。
ばっ万丈さん！
もちろん大丈夫ですよ！
じゃあね、一平兄ちゃん。もう帰って。
え！まだ相談の途中だけど…

行って行って！
ぴっ
ぴっ
うう…ヒドイ…
…
どうかしましたか？
あの人どっかで見たことある気が…
どこにでもいる顔ですから！
店長から聞いたわ。
高価格品路線はあなたの進言だって。
え…
素晴らしいわ。
は…はぁありがとうございます。
一平兄ちゃんに言われたことをそのまま伝えただけなんだけど…
けどまだ足りない。

確かに売り上げは上がったし、店員たちのモチベーションも上がってきている。
そ…そうなんですか…
だけどノルマは3倍よ。
もっと積極的に変革をしていかないと達成できない数字なの。
けど…どうして新人の私に……？
長く働いている社員は、今の働き方が当たり前になっていると思わない？
あなたのようなまっさらで
行動力のある人間が現状を打破できると思っているわ。

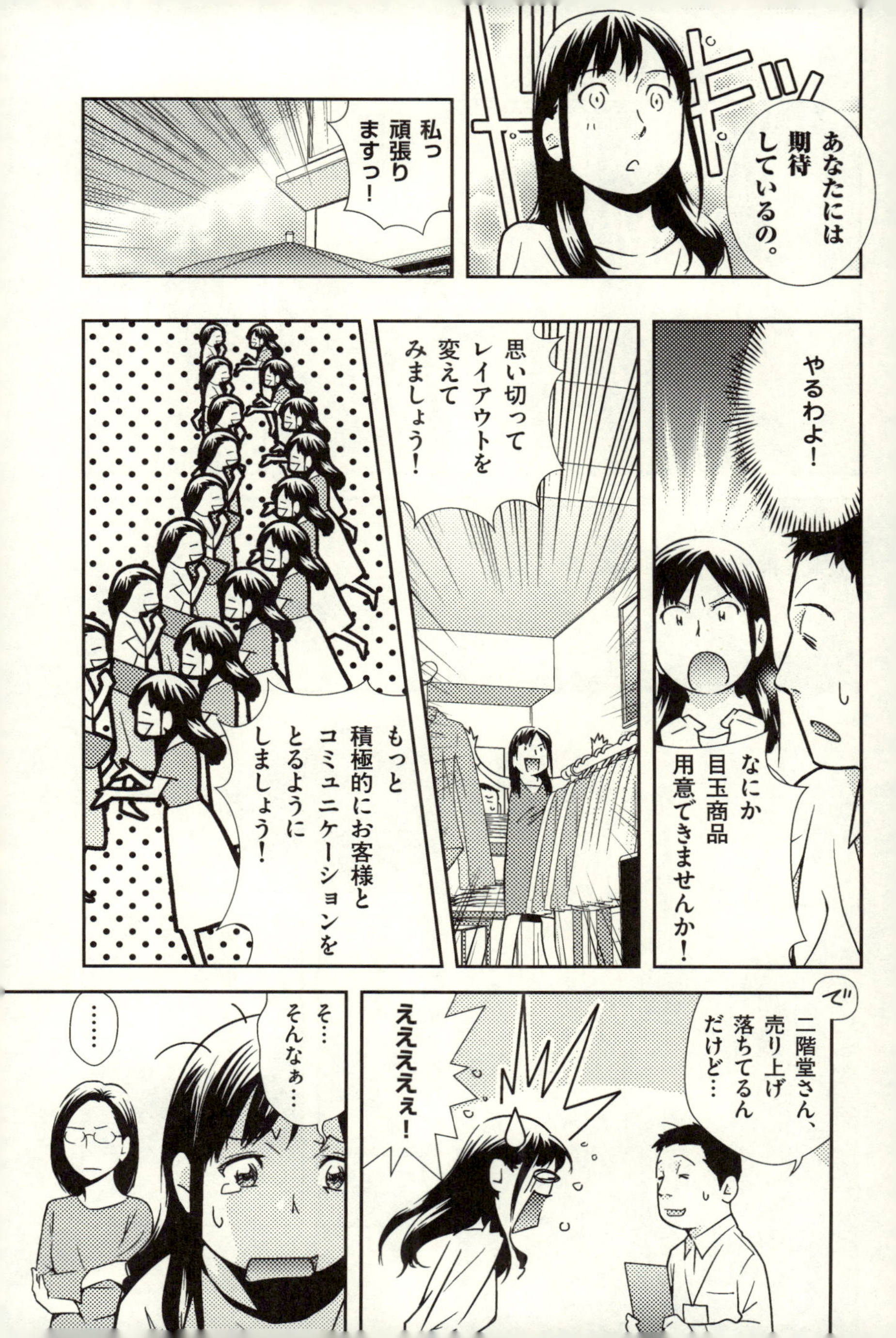
ドキッ
あなたには期待しているの。
私っ頑張りますっ!
やるわよ!
なにか目玉商品用意できませんか!
思い切ってレイアウトを変えてみましょう!
もっと積極的にお客様とコミュニケーションをとるようにしましょう!
で
二階堂さん、売り上げ落ちてるんだけど…
えええええ!
そ…そんなぁ…
……

ちー姉ちゃん晩御飯できたよ!

ガチャ
食欲がない。

え。

ちー姉ちゃんが食欲ないって病気じゃない?

うぅ…完全に空回りしてた…

ちょっと二階堂さん。

ちょっと高級路線が成功したからってなんでも変えればいいって訳じゃないと思うんだけど。

け…けど…

新人のくせに調子に乗るんじゃないわよ。
悔しいぃぃい!
バタバタ
こうなったら統計学で打開するしかない。
そのためにもう一度悪魔に魂を売る!
レイ姉ちゃんごめんなさい!
ちょっと一平兄ちゃんのところに行ってくる!
一平ちゃんに食事に誘われたから行ってくるわね。
ダメ――――!!
え、なによあんた。
デートしたら交渉材料がなくなる!
けど、そんなこと言えない!
あの
その
え…えっと
その…
あ
わかった。

ちー姉ちゃん、一平兄ちゃんのこと好きなんだ〜！
なんでそうなるのよっ！
デートを阻止するため背に腹は代えられない。
そ…そうなの…
だからデートするの待ってもらえるかな。
そういうことならいいわよ。
応援するわ。

翌日
おおおおおおおおお
ごめんなさい、一平兄ちゃん。
レイさんにドタキャンされた
策は尽きた
オレの命も
私はとことんゲスでげす。
一平兄ちゃん私がなんとかするから大丈夫！
グッ
千尋だけが頼りだぞ！
その前に統計学教えてくれる？
がってんだ！
…なるほど。
キャリアウーマンに期待されてるな。
けど…
私には何のアイデアもなくて。
どう？売り上げを上げることできそう？
もちろん。
この前お店に行った時、気になったことがあったんだ。

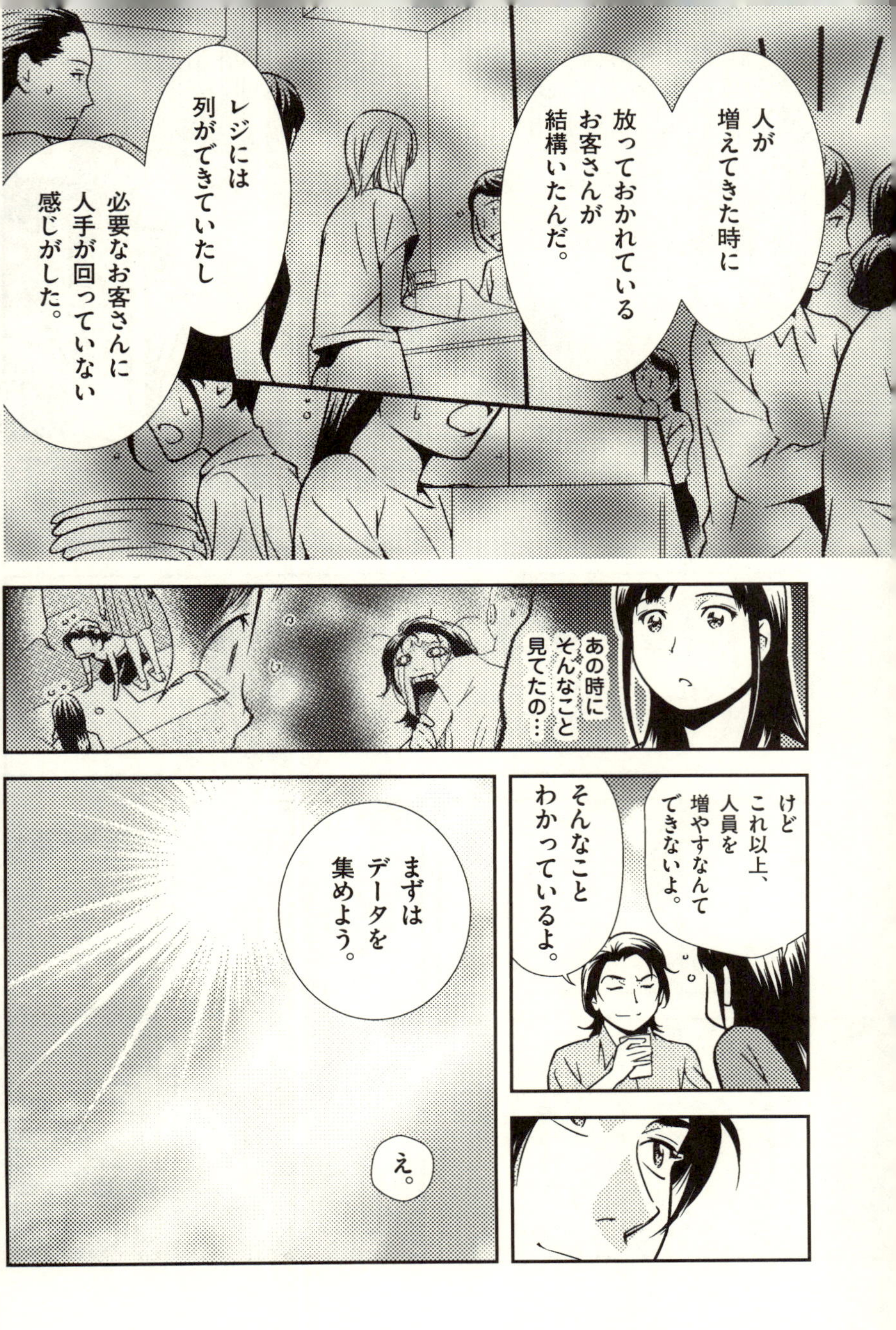
人が増えてきた時に
放っておかれているお客さんが結構いたんだ。
レジには列ができていたし
必要なお客さんに人手が回っていない感じがした。
あの時にそんなこと見てたの…
けどこれ以上、人員を増やすなんてできないよ。
そんなことわかっているよ。
まずはデータを集めよう。
え。

数日後
でん
あの人
今日も
来てるよ。
気持ち悪い。
カチ カチ カチ
ずっと
何を
記録して
るんだろう。
ちょっと
一平兄ちゃん！
帰ってよ！
何日目だと
思ってるの。
店を救うため
だろ。
椅子は
やめてっ！
怪しいから。
やだよ、
疲れるだろ。
また
あの人…
あっ！
いいから
どけって

ば…万丈さん…
思い出しました。あなた、五十嵐一平さんですよね。
！
あなたは？
エリアマネージャーの万丈です。
あぁあなたがキャリアウーマンか。

二階堂さん。
どうして五十嵐さんがここにいるのか、説明してもらえるかしら。
STAFF
なるほど、五十嵐さんにアドバイスをもらっていたってことね。
すみません。
いいことしてるんだ。謝ることないだろ。
万丈さんに失礼なこと言わないでよ!
いいのよ。こんなすごい人にアドバイスもらえるなんてすごいじゃない。
え…一平兄ちゃんがすごいんですか?
あなた知らないの?
彼のコンサルは統計学を駆使したオリジナルなもので、
雑誌が特集するくらい有名人なのよ。
五十嵐一平が語る
企業と統計
色の若き天才コンサルタント

私でも知っているくらい。
ウソでしょ
なんだよその顔。
五十嵐さん。
どうでしょう、売り上げは伸びそうですか？
当然。
まず分散分析について知ってもらおうかな。
分散って？
分散とは、データのばらつきを表す値のことで、
散らばっている範囲の広さを表すんだ。
散らばっている範囲なんて知ってどうなるのよ？
Notebook
たとえばここに2店舗の売り上げデータがあるとする。
A店舗B店舗のトータルの売り上げ平均は同じだ。
A店 B店
1〜3月 950万 700万
4〜6月 1020万 1500万
7〜9月 990万 800万
10〜12月 1040万 1000万
合計 4000万 4000万

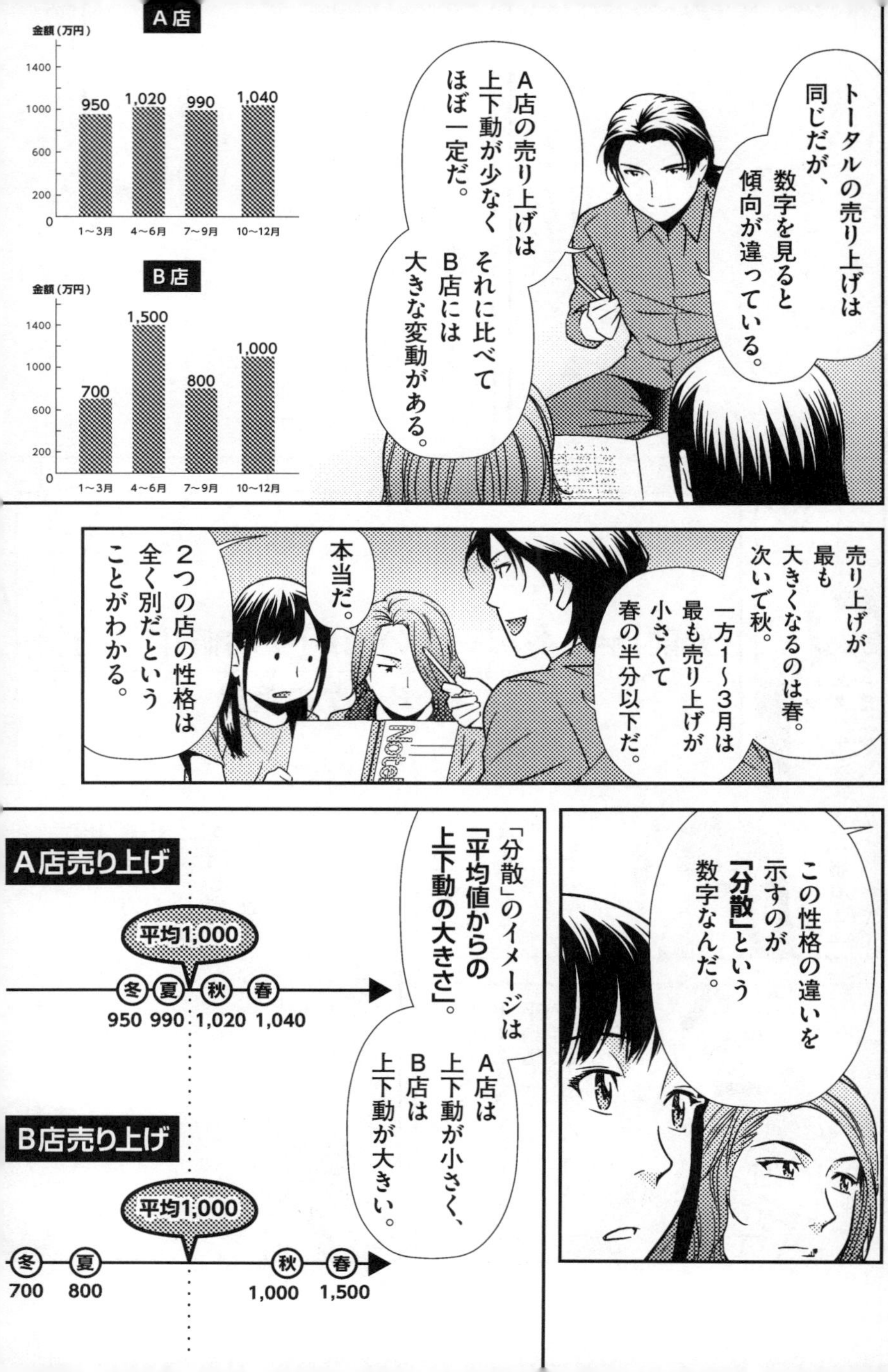

トータルの売り上げは同じだが、
数字を見ると傾向が違っている。
A店の売り上げは上下動が少なくほぼ一定だ。
それに比べてB店には大きな変動がある。
A店
金額（万円）
1400
1000
600
200
0
950
1,020
990
1,040
1～3月
4～6月
7～9月
10～12月
B店
金額（万円）
1400
1000
600
200
0
700
1,500
800
1,000
1～3月
4～6月
7～9月
10～12月
売り上げが最も大きくなるのは春。次いで秋。
一方1～3月は最も売り上げが小さくて春の半分以下だ。
本当だ。
2つの店の性格は全く別だということがわかる。
この性格の違いを示すのが「分散」という数字なんだ。
「分散」のイメージは「平均値からの上下動の大きさ」。
A店は上下動が小さく、
B店は上下動が大きい。
A店売り上げ
平均1,000
冬 夏 秋 春
950 990 1,020 1,040
B店売り上げ
平均1,000
冬 夏 秋 春
700 800 1,000 1,500

けどこれどうやって計算するの？
まず1回1回のデータについて平均値との差を計算するんだ。
(A店の場合)
売上げ 平均値 差
1〜3月 950万 1000万 −50万
4〜6月 1020万 1000万 20万
7〜9月 990万 1000万 −10万
10〜12月 1040万 1000万 40万
合計 4000万 4000万
その「差の2乗」から分散を計算する。
(−50万)² = 2500億
(20万)² = 400億
(−10万)² = 100億
(40万)² = 1600億
式にすればこうなる。
(分散)＝{(各データの値)-(平均値)}² の合計 / データの個数
めんどくさいよ…
いやエクセルで一発だから。
比べるとB店の方が大きいけどA店もずいぶん大きな数字だろ。
当たり前じゃない。
A店 B店
2500億 90000億
400億 250000億
100億 40000億
1600億 0
2乗すれば大きくなるに決まってるでしょ。
その通り！
実は分散の値はとても大きくなりがちで、平均値と直接比較することができない。
分散
平均値
そこで、

平均値と直接比べることができるように分散に√を付けて元に戻す。
（標準偏差）＝√（分散）
これが「標準偏差」という値だ。
√って2乗の逆演算のことですよね。
そうだね。こうすると元のデータと直接比較できるようになる。
そうするとデータは「平均±標準偏差」で変動しているのだなとわかる。
10
+3
標準偏差3
平均値7
−3
4
2つの数字がいっぺんに出てくると混乱するわ…
「分散」と「標準偏差」は意味としては同じだけどね。
「標準偏差」は直接比較がしやすい。
「分散」は計算しやすい。
さて、標準偏差の実際の使い方だが…
ただ数字を計算して満足するということではない。

「標準偏差に違いがあるのだからデータに何らかの性格の違いがあるのだな」
という手がかりのための数字なんだ。
標準偏差
2 4 7 6 3 5 1
もっと言ってしまえば、データが単一グループか複数グループなのかを見分ける手がかりが分散（標準偏差）なんだよ。
どういうこと？
たとえば、A店の売り上げは「毎月ほぼ同じ」だが、
B店は「売れる月」と「暇な月」に分かれる。
毎月売れる
売れる月
暇な月
A店
B店
2種類のデータを比べて標準偏差が大きく違っているとき、
その性格の違いを突き止めるのが本当の分析なんだ。
？
？
単一
複数
A店
B店
A店とB店ならこのような性格の違いがあるかもしれないって分析できるってことね。
そういうことだ。
季節変動のない一般的な商品を扱っている。
変動のある流行ものを扱っている。
A店
B店

基本がわかったところで本題だが、ここ数日ベテランと新人の接客時間の配分を記録させてもらった。

これがまとめたものだ。

そんなもの見てたんだ。

実は前回のデータを見ていたら、この店の売り上げは新人よりもベテランの方が倍近く多いことがわかった。

つまりベテランにはなにか秘密があるわけだ。

なるほど…

倍も違うんだ…

まず1枚目だが、千尋のような若い店員がお客さんに対して説明している時間を表にしたものだ。
●新人 A（秒）

	Tシャツ	スカート・パンツ	靴・かばん
1回目	217	79	28
2回目	323	780	476
3回目	22	40	332
4回目	548	27	22
5回目	27	23	27
6回目	29	111	39
平均	194	177	154
標準偏差	195	272	182

※0.1 以下は四捨五入
どの商品でも満遍なく頑張ってるじゃない。
その通り！値段の安いTシャツやそこそこ値が張るスカート・パンツそれに単価の高い靴やかばん。
どの商品に対しても平均的に時間を費やしているのがわかる。
195
272
182
そうすると標準偏差も高くなるのね。

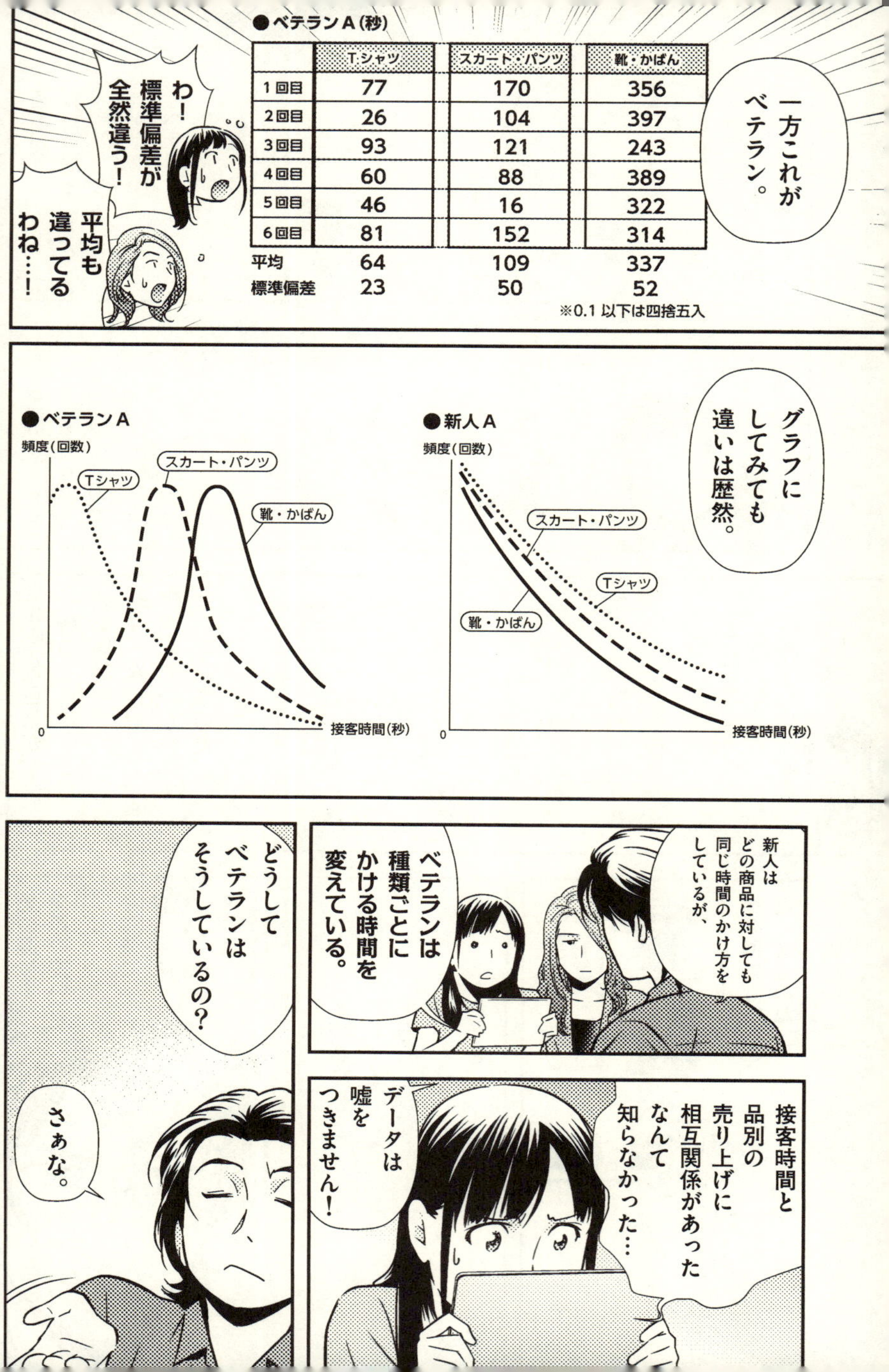

●ベテランA(秒)

	Tシャツ	スカート・パンツ	靴・かばん
1回目	77	170	356
2回目	26	104	397
3回目	93	121	243
4回目	60	88	389
5回目	46	16	322
6回目	81	152	314
平均	64	109	337
標準偏差	23	50	52

※0.1以下は四捨五入

それは本人に聞いてみるといいだろう。
STAFF
教えてください！どうしてメリハリをつけてるんですか？
……
Tシャツなんて放っておいても売れるのよ。
え。
Tシャツなどは長い時間をかけて必死に売っても売り上げは知れているし、
そもそもわざわざ接客する必要なんてない。

けど高額品の場合、
長い時間をかければ
商品の良さをきちんと理解してもらうことができる。
あ…だからあの時怒ってたんですか。
そうよ。
高額品が増えれば対象となるお客様も増える。
お客様が増えても今のままじゃ逃してしまう可能性が高い。
誰でも売れるTシャツを売ってるあなた達とは違うの。
う……
私は当たり前のことをやっているだけです。
もういいでしょうか。
…当たり前じゃないですよ。
言われて初めて気がつきました。
Tシャツを薦めるよりも高いものを薦める方がいいなんて。

私たちは何も知らないんです！
だからもっと私たちに教えてください！
マニュアルには載っていない空気感や直感などお店をもっと良くするためのアイデアを！

…で前田さん、了承してくれたの。

前田さんも本当はお店を何とかしたいと思ってたけど、何から始めればいいのかわからなかったんだって！

とにかくめでたしめでたし…

そんな話どうでもいいわ。

私を生贄《いけにえ》に悪魔と契約したって話が引っかかるんだけど。

私が一平ちゃんとデートすることを約束したってことね。

その通りでございます！

なんでも言うこと聞くんで許してください！

ごめんなさい！どうしようもなかったの！

レイ姉ちゃんを売るなんてサイテー。

わかった。なんとかしておくわ。

え…

まぁ私も色々とお世話になってるし、
一平ちゃんのこと嫌いじゃないから。
ベテランの力を見誤っていたわ。私もまだまだね。
五十嵐さんのおかげでお店は見違えるようになったわね。
はいっ
また会えるかしら。
え。
五十嵐さん、
素敵な人ね。
えええぇ！
なによ一平兄ちゃんってどうしてこんなにモテるのよ！

偏差値は比較のモノサシ

「偏差値」という言葉を聞くと学生時代の忌まわしい記憶がよみがえる方も多いでしょう。何かよくわからない計算で出てきた学力のモノサシ。いったいこの数字は何なのか、この数字で何を測っているのか、疑問に思っている人も多いことでしょう。まずは、**分散**を理解するために馴染み深い偏差値から説明することにしましょう。

偏差値が編み出された動機は、ずばり「比較するため」です。なぜ、比較するのに難しいことを考えるのか。その理由は、総合的な学力が単純な1個の数字では測れないからです。

もしこれが身長のように、誰が見てもはっきりわかるただ1個の数字だったなら、偏差値のようなモノサシを考える必要はなかったでしょう。

単純に「一平君は千尋さんより10㎝高い」で話はおしまいです。

ところが学力の場合「一平君は数学が得意、千尋さんは英語が得意」となると、どちらが優れているのか単純な比較ができません。それでも何とかして1本のモノサシで測りたい、という要望から編み出されたのが偏差値だったのです。

具体的に偏差値とはどのようなものか、次のテスト結果を見てみましょう。

一平君の合計点は150点、千尋さんも150点。一見すると2人の学力は全く同じに思えますが、偏差値で測ると結果が変わってきます。英語の1点と数学の1点が、同じ重さではな

図表2-1　平均点を出す

	英語	数学
一平	70	80
千尋	90	60
麗香	75	70
菜々	65	40
万丈	100	100
平均点	**80**	**70**

いからです。図表2－1でわかるように2つの教科を比べてみると、英語の方が点数の開きが小さくまとまっているのに対し、数学の方が点数の開きが大きくばらついています。

ということは仮に1点だけ多く取ったとき、英語の方が数学よりも、より多くのライバルを抜くことになるわけです（この例では5人しかいないので抜くことができる人数は限られますが、同じ傾向でもっとたくさんの人がいたらどうなるかを想像してみてください）。

ちょうどマラソンで同じ1分差であっても、集団が1つに固まって競り合っていたときの方が、前後に大きく離れていたときよりも価値が大きいのに似ています。

そこで、集団のばらつきを考慮に入れて、1点の重みを是正しようというのが偏差値のアイデアになります。

図表2-2　偏差を出す

	英語		数学	
一平	70−80=	**−10**	80−70=	**+10**
千尋	90−80=	**+10**	60−70=	**−10**
麗香	75−80=	**−5**	70−70=	**0**
菜々	65−80=	**−15**	40−70=	**−30**
万丈	100−80=	**+20**	100−70=	**+30**

それでは、具体的に偏差値の計算手順を追ってみましょう。

※ＳＴＥＰ１：**偏差：平均を中心に点数をそろえる**（図表２－２）。

まず、全ての点数を平均点からのプラスマイナス値に書き直します。

英語では実際の点数から平均の80点を引き、数学では実際の点数から平均の70点を引きます。

こうして書き直した、平均からのずれの大きさのことを**「偏差」**と言います。偏差とはつまり、平均値からの上下動、デコボコの大きさのことです。紛らわしいことに「偏差」と、後で出てくる**「標準偏差」**とは違うものを指しています。「偏差」は一人ひとり、個々のデータについての数値なのに対し、「標準偏差」は集団全体についての数値です。

図表2-3　分散を出す

	英語	数学
一平	$-10^2=100$	$+10^2=100$
千尋	$+10^2=100$	$-10^2=100$
麗香	$-5^2=25$	$0^2=0$
菜々	$-15^2=225$	$-30^2=900$
万丈	$+20^2=400$	$+30^2=900$
合計（これが**「平方和」**）	**850**	**2000**
平均（これが**「分散」**）	850÷5人＝**170**	2000÷5人＝**400**

※平方和は正確には偏差平方和と呼ぶ。

図表2-4　分散は2乗の和の平均

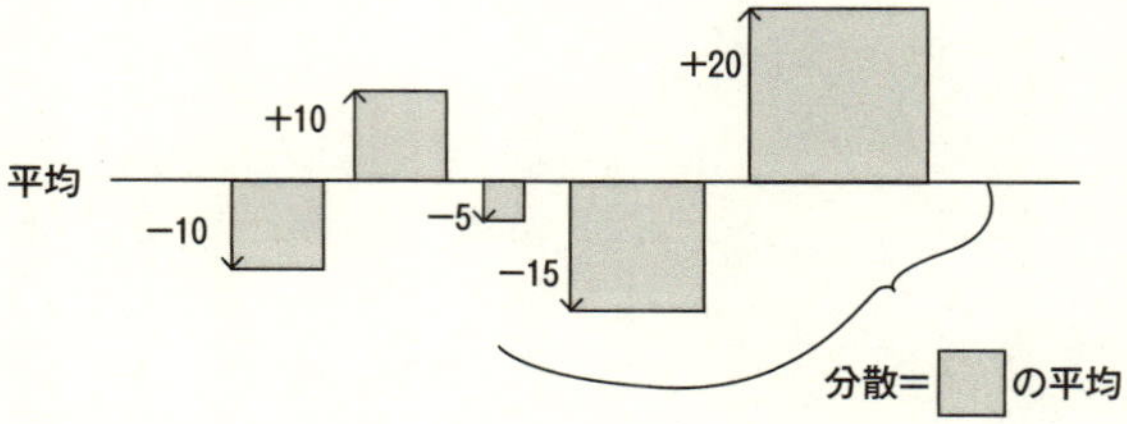

※ＳＴＥＰ２：**分散：偏差を２乗した値の平均を取る**（図表２－３）。

上で書き直した偏差の値を２乗します。

２乗した値の合計のことを**「偏差平方和」**と言います。平方和を人数で割った値が「分散」です。分散とはつまり、偏差を２乗した値の平均のことで、集団のばらつきの大きさを意味します。

※ＳＴＥＰ３：**標準偏差：分散の√を取る。**

分散は２乗という計算で得られた数値なので、元のデータと直接比較することができません。そこで、元になるデータと直接比較できるように、分散の√を取って元に戻した値が標準偏差です（グーグル検索で√に数字を入れれば一発で計算してくれます）。

英語　　　　　　　　　　　　数学

$\sqrt{170}=13.04$←これが英語の「標準偏差」　$\sqrt{400}=20$←これが数学の「標準偏差」

標準偏差とは文字通り「標準的な偏差」のことで、その集団の標準となるばらつきの大きさのことです。

図表2-5　標準得点を出す

	英語	数学
一平	−10÷13.04=**−0.77**	+10÷20=**0.5**
千尋	+10÷13.04=**0.77**	−10÷20=**−0.5**
麗香	−5÷13.04=**0.38**	0÷20=**0**
菜々	−15÷13.04=**−1.15**	−30÷20=**−1.5**
万丈	+20÷13.04=**1.53**	+30÷20=**1.5**

※ＳＴＥＰ４：**学力偏差値：偏差を標準偏差で割って1点の重みを是正する**（図表２－５）。

「ばらつきが小さく僅《きん》差《さ》で競っているほど1点の重みが大きい」というアイデアに従って、元の点数を書き直します。元の点数の偏差、つまり平均からのずれの大きさを標準偏差で割って、モノサシの目盛り幅をそろえます。

こうして得られた数値は、英語と数学の1点の重みの違いを是正した共通のモノサシとなります。同じ1点であっても、ばらつきが小さい英語の方が、ばらつきが大きい数学よりも価値が高い。それゆえ合計点数が同じであっても、一平君より千尋さんの方が総合学力では上、という判断がつきます。

共通のモノサシとしてはここまでで十分なの

図表2-6　学力偏差値の出し方

	英語	数学
一平	−0.77×10+50=**42.3**	+0.5×10+50=**55**
千尋	+0.77×10+50=**57.7**	−0.5×10+50=**45**
麗香	−0.38×10+50=**46.2**	0×10+50=**50**
菜々	−1.15×10+50=**38.5**	−1.5×10+50=**35**
万丈	+1.53×10+50=**65.3**	+1.5×10+50=**65**

図表2-7

偏差値算出方法のまとめ

- (個々のデータ)−(平均値)=(偏差)
- (偏差)^{2}の合計÷データ数=(分散)
- $\sqrt{(分散)}$=(標準偏差)
- {(偏差)÷(標準偏差)}=(標準得点)
- {(偏差)÷(標準偏差)}×10+50=(学力偏差値)
  (標準得点)

ですが、通常の学力偏差値では結果の数字を見やすくするため、さらに次の計算を施します。

・**1点ではなく10点の重みを数える（偏差値の値を10倍する）。**
・**平均値を0ではなく50とする（+50のゲタを履かせる）。**

これが通常用いられている「学力偏差値」です（図表2－6）。

偏差値算出方法をまとめると図表2－7のようになります。

偏差値はデータを標準化する

データの比較はあらゆる統計の関心事です。

ところが世の中を見回すと、単純な1個の数字で済むことは希《まれ》で、ほとんどのデータは学力のように直接比較できない状況に置かれています。たとえばマンガにあったような、

・A店とB店の売れ方
・商品ごとの売れ方

なども、見方によっては直接比較が難しいデータです。

A店とB店では扱っている商品が違うかもしれませんし、立地条件が違うこともあるでしょう。あるいは金額も性質も違う商品同士を直接比較しても、意味がないかもしれません。

こうした悩みは、ちょうど数学と英語の点数を同じモノサシで測りたい、という状況に似て

図表2-8　5段階アンケートイメージ

	味	量	値段	雰囲気	サービス
中島さん	5	4	3	5	4
前田さん	4	3	1	4	2

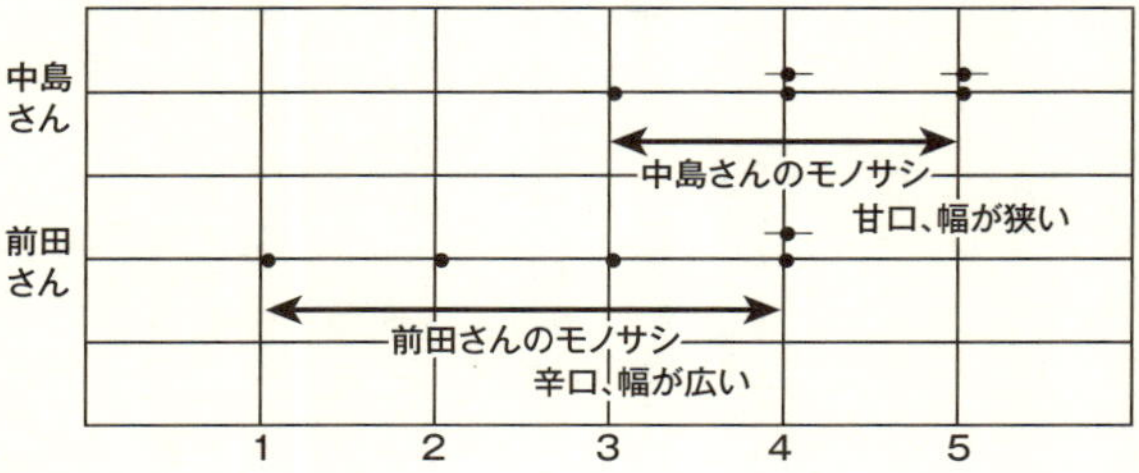

います。それゆえ、あらゆるデータの共通のモノサシとして、偏差値が威力を発揮することになります（単純に金額という1個の数字だけを見れば簡単なのかもしれませんが、それは学力で言えば総合得点だけを見ているようなものです）。

よく使う場面の1つに、アンケートの集計があります。

たとえば5段階評価で複数項目のアンケートを採ったとき、中島さんは3～5の範囲で回答し、前田さんは1～4の範囲で回答したとしましょう。

ここでよく考えてみると、中島さんの5と、前田さんの4は、どちらも最高評価という同じ意味を持っています。また、中島さんの3と、前田さんの1も最低評価という意味では同じです。つまり、アンケートに対する中島さんのモノサシと、前田さんのモノサシが違っているのです。この2つのモノサシを合わせる方法は、学力偏差値と全く同じです。

1．2人の評価点を、平均値を中心にプラスマイナスに書き直す。
2．2人のモノサシの1目盛りを、それぞれの標準偏差に合わせる。

このようにモノサシを合わせる操作のことを**「標準化」**または**「正規化」**と言います。標準化は、出所の異なるデータを同じ土俵の上で比べたいときに使う常套《じょうとう》手段なのです。ところで標準化の考え方に従えば、アンケートで全部の項目に等しく3を付けた回答は、全部の項目に等しく1を付けた回答と変わらないことになります。この回答をどう読み取るかは場合にもよりますが、

「全てにまんべんなく普通と答える人は、そもそも関心が低い」というのも1つの有力な解釈でしょう。あるいは標準化の結果、突出した低い評価には改善への強い要求が読み取れるわけで、その意味で「クレーマーは優良顧客に化ける可能性がある」ことになります。

なぜ分散は2乗なのか

さて、右で見たように標準偏差の計算は「2乗してから√を取る」といった少々複雑な手順を踏みます。しかしなぜ、2乗という手間のかかる方法を選ぶのでしょうか。単にばらつきを示すだけであれば、もっと簡単な方法はないものでしょうか。以下に考えてみましょう。

1．最大－最小をばらつきと見なす。

まず思いつくのは、最高得点と最低得点の差をばらつきと見なす方法です。
図表2－1の例で言えば、
英語のばらつき：100－65＝35
数学のばらつき：100－40＝60

とすれば良さそうにも思えます。

しかし、この方法には「1人が突出すると実態とかけ離れる」という欠点があります。

もしクラスに1人ずつ100点と0点がいたとしたら、中間がどうあれ、ばらつきはいつでも100となってしまいます。たとえば全国模試のように人数が多くなれば、どんな難しいテストであっても1人くらいは突出した点数を取る人がいるものです。そうなったとき、最大－

最小という数え方は実態とかけ離れてしまうのです。

2．偏差の平均を取る。

次のアイデアは、偏差の平均を取るという方法です。

つまり「平均からのずれの平均」は、ばらつきを表しているように思えます。このアイデアは間違ってはいないのですが、少し現実に即していないところがあります。というのも多くの場合、データは平均に近いところほど多く、平均から離れるにつれて少なくなる傾向があるからです。

もしデータが上から下まで均等にばらついていたなら、偏差の平均は良いアイデアだったことでしょう。この偏差の平均値には**「平均偏差」**という名前が付いているのですが、あまり実際に使われることはありません。実際のデータは平均の周りに多く集中している（ことが多い）ので、それに見合った測り方が望まれます。

3．偏差の2乗を距離と見なす。

そこで編み出されたのが、平均からの距離を測るという方法です。距離を測るときに思い起こしてほしいのが、ピタゴラスの定理です。たとえば縦に2m、横に3m、高さが4m離れた点までの距離は、$\sqrt{(2^2+3^2+4^2)}=5.39$m

縦、横、高さ、それぞれの2乗を合計して√を取る、この計算方法は標準偏差と全く同じです。標準偏差とはつまり、「平均から見た各データまでの距離」のことだったのです。

私たちの住む3次元空間には、縦、横、高さの３つの次元しかありません。それでも想像力をたくましくすれば、たとえ10個のデータでも、３個でやったのと同じ計算方法を当てはめて、10個のデータまでの距離のようなものは計算できます。その距離のようなものが標準偏差だったというわけです。

大ざっぱに見ればデータの集団は、平均を中心に、標準偏差を半径とした塊と捉えることができます。

標準偏差の違いは性格の違い

データの塊を中心の位置（平均）だけでなく、広がりの大きさ（分散・標準偏差）まで意識すると見え方が変わってきます。２つのデータの塊があって、平均は大して違わないのに標準偏差が大きく違っていたなら、「きっと何らかの性格の違いがあるのだな」と勘が働くことでしょう。たとえば、こんな推測が成り立ちます。

「英語より数学の方が、学習の理解に差が出やすい」

「女性の方が男性より、好みの違いをはっきり主張する」

図表2-9　データの重なり

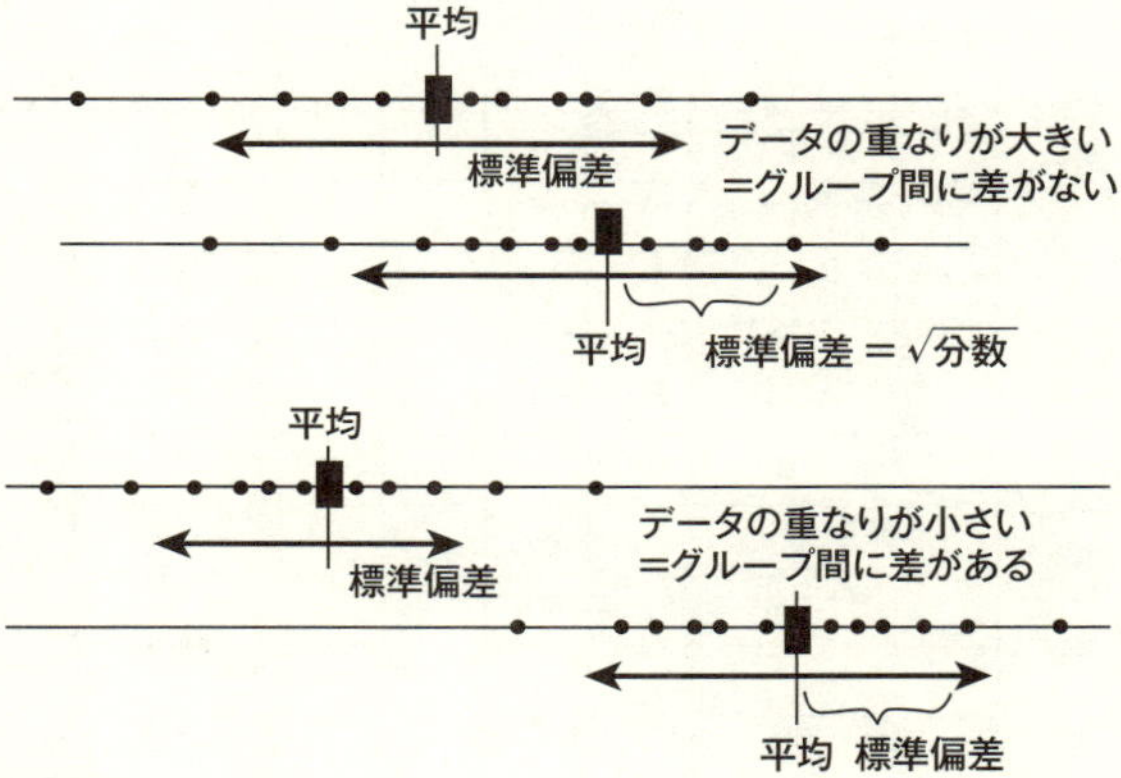

「A店に比べてB店は、季節変動の大きい商品を扱っている」
「新人と比べてベテランは、時間の使い方にメリハリがある」

さらに互いのデータの広がりを見ることで、複数のグループ間に重なりがあるかどうかを見分けることができます。グループ間の平均の違いの方が、データの広がりよりも大きければ、グループ間にはっきり差があると判断できます。反対に、平均の違いよりもデータの広がりの方が大きければ、複数のグループは互いに重なり合って1つになっていると見なせます（図表2－9）。

たとえばマンガで見たように、店舗での接客時間について、店員・商品ごとの平均と標準偏差を整理してみましょう（図表2－10）。

新人の場合、データの広がりが重なっている

図表2-10　新人とベテランの接客時間

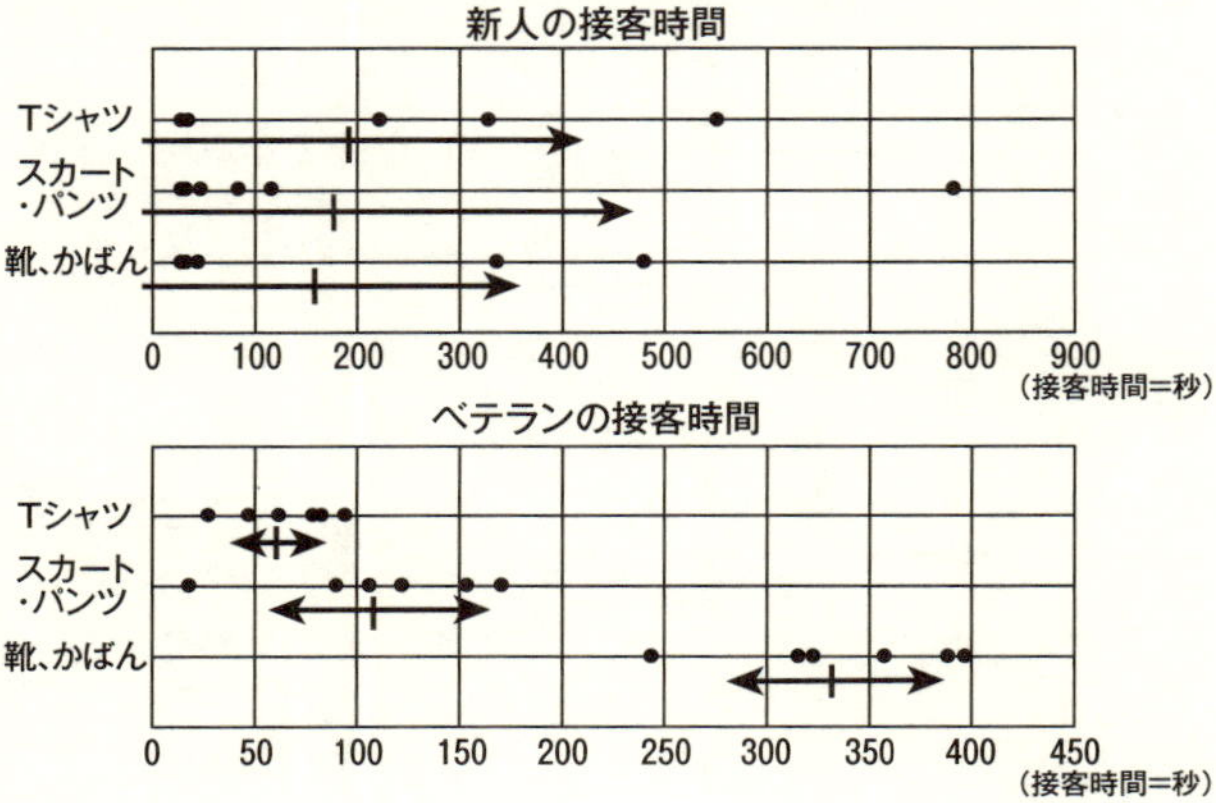

ので、接客時間は均質であると読み取れます。

一方ベテランの場合、データの重なりは小さく、お互いに離れているので、接客時間にはっきりした違いが読み取れます。

このように平均と標準偏差から、データの性質を見分ける道が開けます。

なお、マンガでは平均と標準偏差のグラフから直感的に違いを見分けたのですが、この考え方をより厳密に数字で追ったのが**「分散分析」**と呼ばれる方法です。

データから違いを探し出す

目の前に多数のデータが積まれたとき、どこからどう手を付けて良いのか、最初は途方に暮れることと思います。そんなとき、まっさきに手がかりとなるのは次の2つです。

1. ヒストグラムをつくり、データの概形を把握する（第1章参照）。
2. データの切り口ごとに平均と標準偏差を比較し、違いを見極める。

何らかの手応えをつかむには、データを関係のありそうな要因ごとにグループ化し、グループ間に違いがあるか、ないかによって因果関係を推測します。たとえば商品の売り上げであったなら、次のような切り口が考えられるでしょう。

・商品カテゴリーの違い
・担当店員など売り手の違い
・年齢、性別、住所など、顧客属性の違い
・1回の購買点数、購買金額ごとの違い
・時間帯、曜日、季節など、時間軸の違い
・地域など場所による違い

などなど。

これらの切り口のうち、いったい何が、どのくらい売り上げに影響を与えているか。

実際の分析の場面ではコンピュータの力を借りて、こうした切り口について片っ端から平均・標準偏差をチェックし、意味のある因果関係を導き出しています。

標準偏差とは、データのばらつき、平均を中心とする半径の広がりを意味する数値です。

それは単なる学力のモノサシにとどまらず、データ同士を比較する基準となる数値だったのです。

第3章

相関

2つの変数の関係

麗香姉ちゃん。
以前一平兄ちゃんに助けてもらったって言ってたよね。
一平兄ちゃんとなにがあったの？
どうしたのよいきなり。
帰ってきたばっかりで疲れてるんだけど。
だって、
あの一平兄ちゃんがモテるなんてあり得ない。
なんだかムカつくから。
素直じゃないわね。
なんか言った？

ちょうど3か月くらい前かな。
病院《しごとば》で困ったことが起こったの。
合病院
麗香ちゃん今日もかわいいね。
ありがとうございます。
いつも言われます。
けど源次郎さん、
いくらおべんちゃら言われても注射はしますからね。
はい いたくな〜い
キャー!!
プス〜
もっと優しくしてよね…
しく しく
無理です。お変わりはないですか?

そうだなぁ…
強いて言えば昨晩からちょっと背中が痛いくらいかな。
新しくした薬が合わないのかもしれませんね。先生に言っておきますね。
ありがとう。
二階堂さん、
ちょっといいかな。
師長。
看護師
師長
丸井翔子
会議室

よく…わからないんですが…
だから、
院長から病院経営の効率化のために看護師の人員を減らすことを提案されたの。
え、
人員削減って……
ただでさえ人手不足なんですよ。それなのにさらに減らすなんてあり得ません!
そうなの…
でも院長がね…看護師たちが患者とおしゃべりしている場面をたびたび目にしたとかで。
院長
角野吉彦

無駄話ばかりしている人間に給料を払う余裕などこの病院にはない！
近くに大きな病院もできて経営が苦しいというのに、辞めさせろ！
もうすごい剣幕だったわ…
待ってください。
そこは師長がきちんと説明するべきなのでは？
も…もちろんしたわよ。ただ私どうも説得するの苦手で…
絶対にしてませんね。
仕方がない、私が行ってきます。
ありがとう。二階堂さんはそう言ってくれると思ったわ！
……
院長お願いします。
看護師を減らすなんて言わないでください！

もう決めたことだ。まず無駄なものから省いていくとな。

無駄…例の患者との会話のことでしたらあれにもちゃんとした意味があります。

患者さんとコミュニケーションをとることで、小さな体の異変や体調の悪さなどの情報を集めているんです。

それを担当の先生に伝えることで最適な医療を提供しているんです。

現にさっきも薬を変えた患者さんの異変に気がつくことができましたし――

だったらなにか、
ギロ
うちの先生たちは君たちがいなければ、適切な治療をすることができないとでも言うのか。

そういうわけじゃ…

私の判断に口出しするのはやめてもらおう。

もういい。出ていきなさい。
…しかし、
あくまでも君の話は君の感覚でしかない。
世間話が患者のためだと？そんなことが証明できるのか？
病院も会社だ。
経営がよくなければどこかを改善しなければならない。
余剰人員を雇っている余裕はないんだよ。

すみません
ダメでした。
そう…
じゃあ誰に
辞めて
もらうかを
考えないと。
えっ。
だって
仕方ない
じゃない…
麗香さ〜ん。

!!!!!
どうかしたんですか？いつも気丈な麗香さんが涙なんて！
涙？ホントだ…
俺でよかったら話聞きます！
いらない。
いやいやここは聞く流れでしょ。
じゃあ奢《おご》って。
もちろんですっ！

なるほど、そういうことだったんだ。

院長はわかってないのよ。

肌感覚ではよく会話する患者の方が退院が早いくらいなのに。

でも経営コンサルタントをやっている俺からすれば、院長の判断は間違っていないと思うよ。

え そんな…

院長だって経営者だ。ボランティアじゃない。

もし情に流された経営をして潰れてしまったら、医者や看護師が職を失うだけでなく
近隣の人にとっても不利益になる。

そんなこと一平ちゃんに言われなくてもわかってるわよ。
けど…私たち看護師にだってちゃんと言い分はあるのに、
こんなの一方的すぎるわ。
だったらその院長に人員削減させないように説得するしかないな。
そんなことできないわよ。あの院長は何を言っても聞いてくれない。
いや言葉よりも説得力があるものを提示すればいい。
言葉よりも説得力があるもの？

数字だ。
数字には説得力がある。
数字…？
総合病院
なぁ麗香ちゃん、
あの人何…？

気にしないでください…
ピッ
ピッ
ピッ
2週間後
麗香さん！だいぶいいデータがとれましたよ。
そ…そうなの。
看護師とたくさん喋る患者さんの方が退院が早いって言ってたでしょ。
うん。
で…病院に潜入してまで何を調べていたの？

それを数字で証明したんだ！
患者とのおしゃべりと退院までの時間。
両者に相関関係があるってことをね！
相関関係？
相関関係とは2つのデータ間の直接的な関係の強さのことだよ。
たとえば身長が高くなれば体重は重くなるみたいな。
そんなの当たり前じゃない。
勉強する時間が増えれば遊ぶ時間が減るみたいなことでしょ。
遊ぶ
勉強
その通り！
その反対で、勉強と遊びの場合は、一方が増えるともう一方が減るから「負の相関がある」というんだ。
/kg
正の相関
身長/cm
/h
負の相関
勉強/h
体重と身長の関係は片方が増えるともう片方も増えるから「正の相関がある」。

で今回大切なのは「相関の強さ」。
強さなんてわかるの？
それを数字化したのが相関係数さ！
相関係数
相関係数は以下の3つのステップから算出する
まずステップ1！平均を知る。
①中心を「平均」に
平均会話時間
退院までの日数
4分・・・・Aさん・・・・4日間
2分・・・・Bさん・・・・8日間
5分・・・・Cさん・・・・6日間
1分・・・・Dさん・・・・10日間
3分・・・・Eさん・・・・7日間
平均3分
平均7日
看護師と患者の場合、平均会話時間は3分 退院までの平均日数は1週間…7日だった。
これらの値を中心…0とするんだ。
だから会話時間が5分だったらプラス2に
会話時間
5－（平均）3＝＋2
退院までの日数
5－（平均）7＝－2
退院したのが5日だったらマイナス2ってことね。

続いてステップ2！
データの尺度を合わせるために標準偏差を使ってばらつきを合わせる。

ステップ1の結果を2乗したものを合計しルートをとる。

② ばらつきを合わせる

	会話時間の2乗	退院までの日数の2乗
A	(+1)×(+1)＝1	(−3)×(−3)＝9
B	(−1)×(−1)＝1	(+1)×(+1)＝1
C	(+2)×(+2)＝4	(−1)×(−1)＝1
D	(−2)×(−2)＝4	(+3)×(+3)＝9
E	(0)×(0)＝0	(0)×(0)＝0
合計	10	20
√合計	$\sqrt{10}$＝3.16	$\sqrt{20}$＝4.47

そしてステップ3各データの面積を求める。

③ 対角線の45度のラインへの近さを測る

	会話の偏差	退院の偏差	会話の偏差×退院の偏差
A	+1	−3	−3
B	−1	+1	−1
C	+2	−1	−2
D	−2	+3	−6
E	0	0	0
合計	0	0	−12

それらの数値を公式に当てはめれば相関関係を導き出せるんだ。

$$-12 \div (3.16 \times 4.47)$$

で…どうだったの？
会話の時間と退院日数の相関関係は？

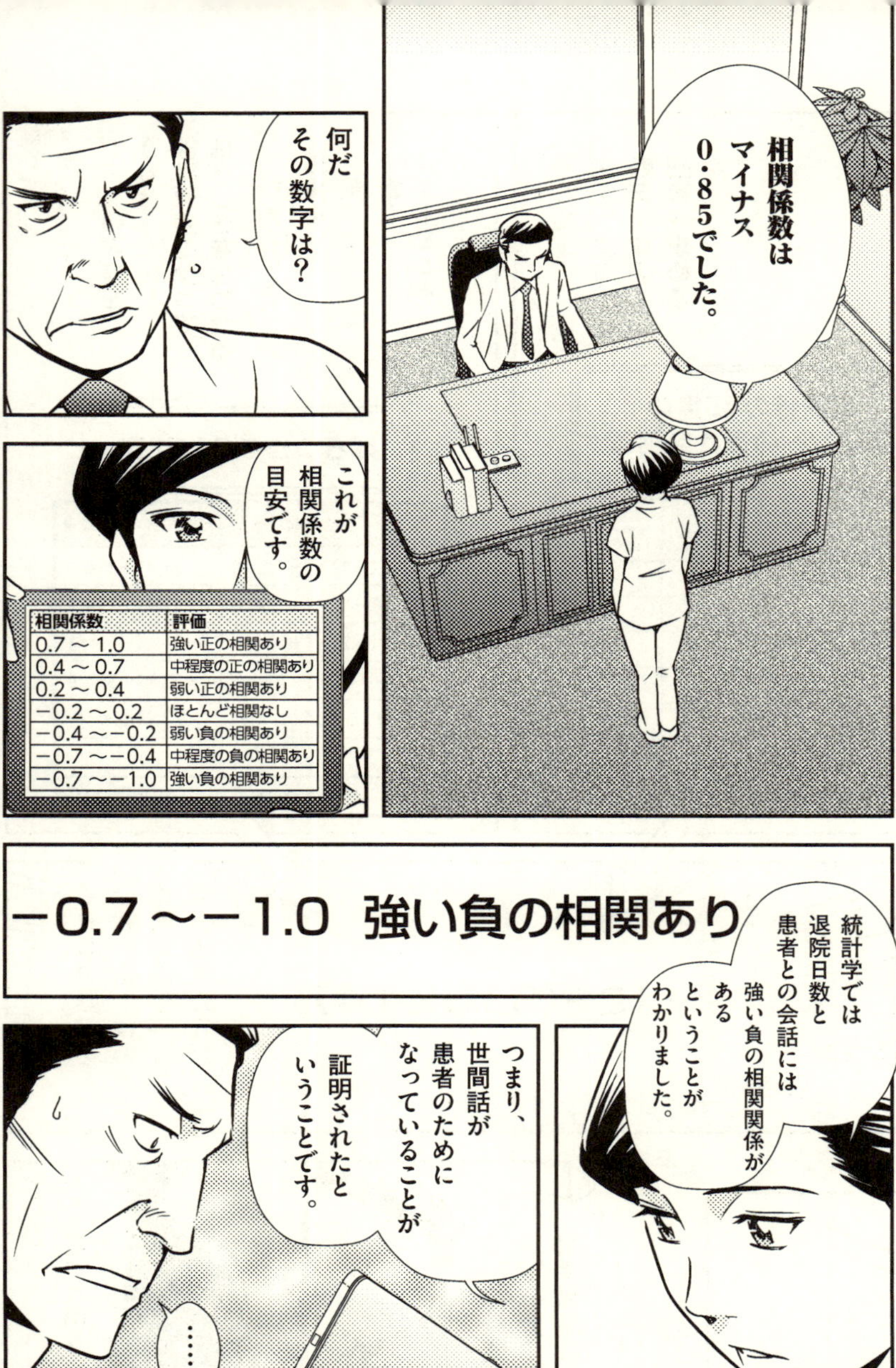
相関係数はマイナス0・85でした。
何だその数字は？
これが相関係数の目安です。
相関係数 評価
0.7 〜 1.0 強い正の相関あり
0.4 〜 0.7 中程度の正の相関あり
0.2 〜 0.4 弱い正の相関あり
−0.2 〜 0.2 ほとんど相関なし
−0.4 〜 −0.2 弱い負の相関あり
−0.7 〜 −0.4 中程度の負の相関あり
−0.7 〜 −1.0 強い負の相関あり
−0.7 〜 −1.0 強い負の相関あり
統計学では退院日数と患者との会話には強い負の相関関係があるということがわかりました。
つまり、世間話が患者のためになっていることが証明されたということです。
……

だから院長
お願いします。
人員を
削減するのは
考え直して
ください！
なるほど。
たしかに
君の言うとおり
相関関係がある
ようだ…
それじゃあ！
しかし
うちの病院が
ジリ貧なのは
変わらんのだ！
人員削減は間違い
かもしれんが
上手く行くかも
しれない。
そんな
メチャクチャな…
やってみないと
わからないだろ。
ガチャ
待ってください！

一平ちゃん？

誰だいきなり。

経営コンサルタントの五十嵐と申します。

じつはその相関係数は私が調べて算出したものです
これは…君が？

私に詳細な数字を提供していただければ、この病院にとって適切な改革プランも作成できます。

無謀なリストラに踏み切る前にぜひご検討を…

…無謀…

…で、その後一平ちゃんがうちの病院をコンサルティングしてくれて、結果看護師を増やすことになったの。

ええ、なんで増えるのっ。

経営に余裕ができたから看護師と患者とのコミュニケーションを充実させたいんだって。

あの院長が言い出したの。

これも一平ちゃんの手腕のおかげね。

そんなことがあったなんて…

これが私と一平ちゃんのお話！

羨ましい？

はぁっ!? 羨ましくなんてないしっ！

ところで、あの時の言葉は一平兄ちゃんの受け売りだったのね。

バレたか。

◐錯誤相関という思い込み

「宿題を忘れた日に限って指名される」
「東京都民は無愛想。大阪人はお金にシビア。愛知県人は見栄っ張り」
「宝くじの当選番号は前回の当たりに引っ張られる」
「おしゃべりをした方が健康に良い」

こうしたジンクスの中には当たっているものもあれば、根拠の無い噂《うわさ》もあることでしょう。あるいは「私自身が体験したことだから間違いない」と言う人もいるかもしれません。でも、ちょっと落ち着いて考えてみてください。

たまたま自分が出合った少数の出来事を、世の中全体に通じる事実だと思い込んでいないでしょうか。私たちは、大多数の中で起こった出来事より、少数の中で起こった出来事により強い印象を抱く傾向があります。この傾向は**「錯誤相関」**（Illusory Correlation）と呼ばれており、心理学的に検証された実験の例があります。

イェール大学のハミルトンとギフォードは、次のような実験を行いました（１９７６年）。大人数のグループAと、少人数のグループBについて、社会的に良い行動と悪い行動のスライドを学生たちに示します。

図表3-1　錯誤相関の実験結果

実際に示した行動の数

	多数派グループA	少数派グループB	合計
良い行動	18	9	**27**
悪い行動	8	4	**12**
合計	**26**	**13**	**39**

A：Bの割合は良い行動、悪い行動共に2：1で等しい。

“それぞれの行動はA, Bどちらのものだったか”という質問の回答集計

	多数派グループA	少数派グループB	合計
良い行動	17.52	9.48	**27**
悪い行動	5.79（過小評価）	6.21（過大評価）	**12**

“良い行動と悪い行動はA, Bそれぞれいくつずつだったか”という質問の回答集計

	多数派グループA	少数派グループB
良い行動	17.09	7.27（過小評価）
悪い行動	8.91	5.73（過大評価）
合計	**26**	**13**

たとえば「グループAのジョンは、知人をボランティア活動に誘った」「グループBのボブは、議論していた友人をついカッとなって殴った」などです。

2つのグループAとBでは、良い行動と悪い行動の割合が全く同じになるように調整されていました。その後、それぞれのグループがどんな行動を取っていたかを学生たちに尋ねたところ、少人数のグループBの方が、良い行動であっても、悪い行動であっても、実際以上に過大評価されていたのです。

この実験は、良いことも悪いことも、何につけても少数派の方が目立つという心理を明らかにしました。錯誤相関はもともと少数派への偏見という問題意識から生じたアイデアですが、同じことがジンクスについても当てはまります。たとえば宿題を忘れた日が、やってきた日よりもずっと少なかったなら、たまたま忘れて指された日の方がずっと強く印象に残ることでしょう。

大多数の東京都民は、同じ東京都民より大阪や愛知の人と付き合う機会が少ないので、たまたま出会った他府県の人の印象に強く引っ張られることでしょう。時として人は信じやすく、想いに引きずられがちです。そのため事実を見誤ることも少なくありません。

チェックのためのクロス集計表

では、どうやって実際の体験の中から、事実と思い込みを見分けることができるでしょうか。

図表3-2　宿題のクロス集計表

	宿題をやった	宿題をやらなかった
指された	7	3
指されなかった	12	5

ここが印象に残る

他はたいして印象に残らない

1つの有効な手段は**クロス集計表**です。クロス集計表の考え方は至って簡単で、起こったこと、印象に残ったことだけでなく、起こらなかったこと、印象が薄かったことも全て平等に数え上げることです。宿題であれば、印象に残る「宿題を忘れて指された」以外の、「忘れて指されなかった」「やってきて指された」「やってきて指されなかった」も忘れずにカウントします。これら全ての状況をまとめると、図表3－2のように田んぼの田の字のような表に整理できます。

このように「やった、やらなかった」と「起きた、起こらなかった」回数を漏れなく数え上げた結果が、2×2のクロス集計表です。事実を公平に知るためには、クロス集計表の1コマだけでなく、4コマ全体に目を通す必要があります。たとえ「宿題を忘れて指された」ことが3回あったとしても、それ以外の状況が表の通りであったなら、「宿題と指されることには何の関係もない」と考えるのが自然でしょう。

クロス集計表に整理すれば、2つの出来事に関係があるのか、ないのか、事実として見分けることができます。この、関係あり、な

図表3-3　正の相関

	宿題をやった	宿題をやらなかった
指された	2	10
指されなかった	12	1

やらなかったときに限って指される

やったときは指されない

右上と左下が多い
＝正の（プラスの）相関

図表3-4　負の相関

	宿題をやった	宿題をやらなかった
指された	10	2
指されなかった	1	13

やらなかったときは指されない

やったときは指される

左上と右下が多い
＝負の（マイナスの）相関

図表3-5　相関あり、それともなし？

	宿題をやった	宿題をやらなかった
指された	6	9
指されなかった	10	4

やらなかったときに限って指されているのかな？

しの強さのことを「**相関**」と言います。２×２のクロス集計表は、相関の最も簡単なチェック方法です。

クロス集計表に点数をつける

もし、図表３－３のように右上と左下の件数が多ければ、２つの出来事の間には大いに関係ありと判断できます。この場合、２つの出来事には「正の（プラスの）相関がある」と言います。

反対に、図表３－４のように右下と左上の件数が多ければ、反対の関係があるものと見なせます。この場合、２つの出来事には「負の（マイナスの）相関がある」となります。

ではクロス集計表が図表３－５のようだったならどうでしょうか。関係あり、なしは簡単には判断がつきません。

そこで、クロス集計表の関係の強さに点数を付けることを考えます。２つの出来事の間の関係の強さに付ける点数のことを「**相関係数**」と言います。以下ではまず、クロス集計表について相関係数の付け方を考えてみましょう。

普通のテストの点数は０～１００点ですが、クロス集計表には反対の関係もあるので、

・関係あり　　１００％
・関係なし　　０％

図表3-6　四分点相関係数（ファイ係数）

	宿題をやった	宿題をやらなかった	合計
指された	6	9	**15**
指されなかった	10	4	**14**
合計	**16**	**13**	

(クロス集計表の相関係数)
=(右上×左下 − 左上×右下) / √(各行の合計値の積×各列の合計値の積)
= (9×10 − 6×4) / √(15×14×16×13)
=0.316

※ 式の分母は、各行列の合計を掛け合わせた数の√を取ったものです。
※ なぜ√を取るかといえば、これは2つの出来事の掛け算の平均を考えているからです。

・反対の関係あり　　－１００％

のように、プラスマイナス両方の範囲にわたって採点します。

相関係数の付け方ですが、右上と左下の件数が多いほど関係が強いのだから、まず（右上）×（左下）を計算します。反対に、右下と左上の件数が多ければ反対の関係が強くなるので、次に（右下）×（左上）を計算して、先の結果から引き算します。

（右上）×（左下）－（右下）×（左上）

このように、右斜め上がりがプラス、右斜め下がりがマイナスと数えるのが、相関係数の採点基準となります。ただ、このままだと全体の件数によって結果が左右されるので、点数を１００％に収めるため、計算の結果を全体の件数で割ってやります。具体的に、クロス集計表の相関係数は図表３－６の計算によって点数が付けられます。

この、クロス集計表の相関係数のことを**「四分点相関係数」**と言います（**「ファイ係数」**と言うこともあります）。「四分点」というのは表を4つに分割した、という意味です。この例での四分点相関係数は0・316、つまり関係の強さは31・6％程度ということです。

数値で測る出来事だったなら

さて、ここまでは出来事が「起こる、起こらない」回数を数えてきましたが、実際の出来事には回数だけでなく、量の大小が問題となる場合もあります。たとえば「おしゃべりをした方が健康に良い」では、おしゃべりの量を測る会話時間と、健康の量を測る退院までの日数が問題です。

こうした出来事の数値をまとめたグラフが**「散布図」**です（図表3－7）。左側に会話時間、右側に退院までの日数を取り、データをグラフにプロットすると、こうなります。

散布図もクロス集計表と同じように、グラフ全体を田んぼの田の字のように区切れば、関係の強さが見て取れます。散布図を見て、右上と左下の方向に点が集まっていれば、2つの出来事の間にはプラスの関係があると言えます。

反対に、右下と左上の方向に点が集まっていれば、マイナスの関係があると言えます。どちらに集まっているわけでもなく、全体にまんべんなく点が散っていれば、あまり関係がないと

図表3-7　散布図

	会話時間(分)	退院までの日数(日)
Aさん	6	4
Bさん	2	8
Cさん	5	6
Dさん	1	10
Eさん	3	7

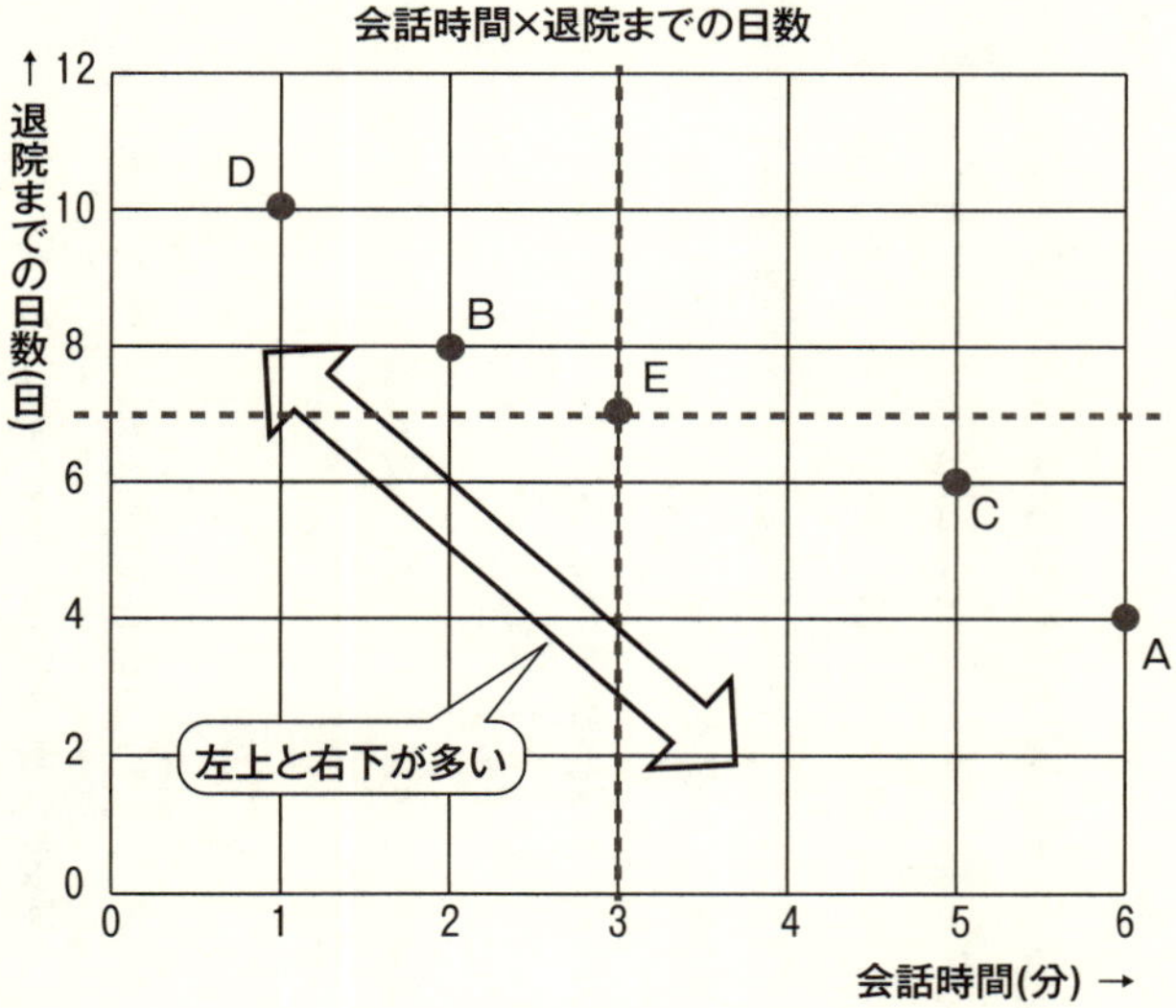

散布図を求める

言えるでしょう。

散布図に示されるような数量同士の関係の強さは、やはり「相関係数」と呼ばれています。正確には**「ピアソンの積率相関係数」**と言いますが、通常、単に「相関係数」と言えば、この散布図の方を指します。散布図での相関係数は、クロス集計表での四分点相関係数のアイデアをさらに発展させたものです。

散布図での相関係数は、次のステップで計算します。かなり面倒な計算なのですが、実際には計算表ソフトなどで求められるので、大まかな流れをつかめば十分です。

※STEP1　中心を「平均」に持ってくる
まず、2種類のデータの平均を求めます（図表3－8）。これら平均値が田んぼの田の字の中心となるわけです。

そして、全てのデータを、中心から見たプラスマイナスの値に書き換えます（図表3－9）。個々のデータの、平均値から見たずれの大きさのことを「偏差」と呼んでいました。つまりここでは、偏差を計算したことになります。

※STEP2　ばらつきを合わせる

図表3-8　STEP1　平均を計算

	会話時間(分)	退院までの日数(日)
Aさん	4	4
Bさん	2	8
Cさん	5	6
Dさん	1	10
Eさん	3	7
平均:	3	7

会話時間
(4+2+5+1+3) ÷ 5人 = 3分
退院までの日数
(4+8+6+10+7) ÷ 5人 = 7日

図表3-9　STEP1　偏差に直す

	会話時間(分)	退院までの日数(日)
Aさん	4-3 = **+1**	4-7 = **-3**
Bさん	2-3 = **-1**	8-7 = **+1**
Cさん	5-3 = **+2**	6-7 = **-1**
Dさん	1-3 = **-2**	10-7 = **+3**
Eさん	3-3 = **0**	7-7 = **0**

図表3－10　STEP2　偏差平方和とそのルートを計算

	会話時間の偏差2乗	退院までの日数の偏差2乗
Aさん	(+1)×(+1)=1	(−3)×(−3)=9
Bさん	(−1)×(−1)=1	(+1)×(+1)=1
Cさん	(+2)×(+2)=4	(−1)×(−1)=1
Dさん	(−2)×(−2)=4	(+3)×(+3)=9
Eさん	(0)×(0)=0	(0)×(0)=0
合計	10	20
√合計	$\sqrt{10}$ = 3.16	$\sqrt{20}$=4.47

次に、左右が直接比較できるように、ばらつきを合わせます。

今の場合、左側の単位が分数、右側の単位が日数なので、同じ土俵の上で直接比べることができません。こうしたとき、共通のモノサシに合わせる便利な考え方が「標準偏差」です（第2章参照）。データを標準偏差に換算し、直接比較できる状態に持っていきます（図表3－10）。

ただ計算の上では、1個1個のデータを標準偏差で割っても、最後にまとめて割っても結果は同じなので、割り算を最後にまとめて行う方針を取ります。ここでは標準偏差そのものではなく、偏差の2乗の和と、そのルートを計算しておきます。

偏差の2乗の合計のことを「偏差平方和」（平方和）と呼んでいます。「平方」とは、2乗を意味しています（なお、「平方根」とは2乗の元になる数という意味で、ルートのことを表します）。

図表3-11　STEP3　45度のラインへの近さを測る

	会話時間の偏差	退院までの日数の偏差	会話の偏差×退院の偏差
Aさん	+1	−3	−3
Bさん	−1	+1	−1
Cさん	+2	−1	−2
Dさん	−2	+3	−6
Eさん	0	0	0
合計	**0**	**0**	**−12**

図表3-12　正方形が面積最大

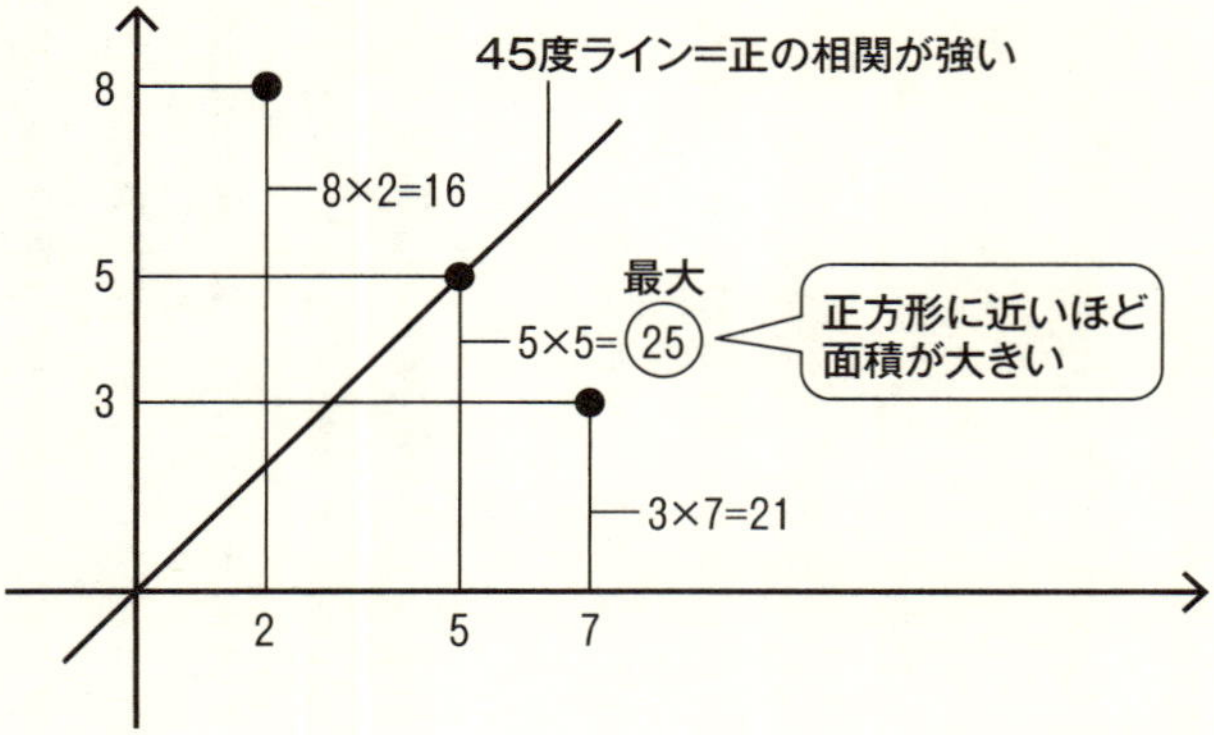

図表3-13　正方形が面積最小、マイナス側

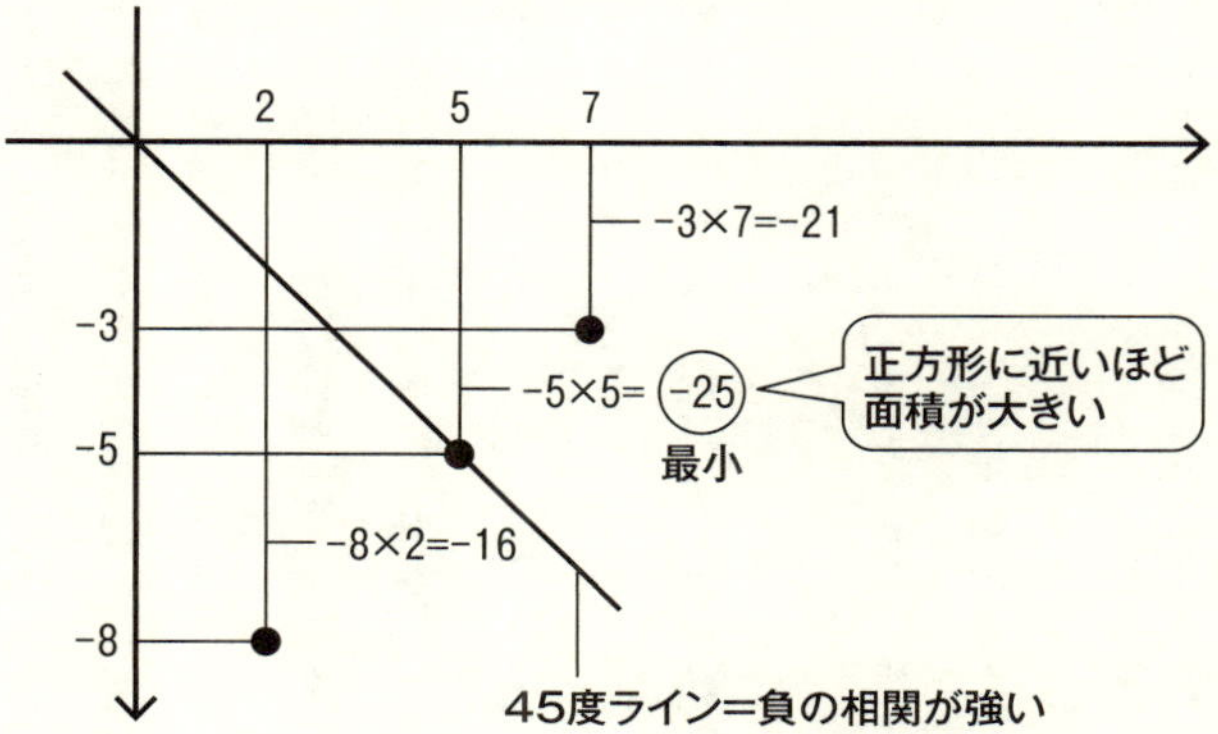

ここは紛らわしいので、整理しておきましょう。

(偏差)＝個々のデータの平均値からのずれの大きさ

＝{個々のデータ値－平均値}

(偏差平方和)

＝{(個々のデータ値)－(平均値)}^{2}の合計

(分散)＝偏差の２乗の平均

＝(偏差平方和)÷(データ件数)

(標準偏差)＝$\sqrt{(分散)}$

＝$\sqrt{\{(偏差平方和)÷(データ件数)\}}$

ＳＴＥＰ２での計算結果

$\sqrt{(偏差平方和)}$＝標準偏差×$\sqrt{(データ件数)}$

※ＳＴＥＰ３　対角線の45度のラインへの近さを測る

２種類のデータそれぞれの掛け算によって、対角線の45度のラインへの近さを測ります。

なぜ掛け算が45度ラインへの近さになるのか。図表

3－12の図を見てください。

これは、周囲の長さが一定の長方形の面積を比べたものです。図を見てわかるように、面積が最も大きくなるのは正方形の場合です。長方形の面積は、2つのデータ同士の掛け算なので、掛け算の答はデータが対角線の45度のラインに近いほど大きくなるわけです。反対に、掛け算の答がマイナスだったなら、データが反対に右下がりの45度ラインに近づきます。

データ同士の掛け算とは、データ同士の関係の強さのことだったのです。なお、このデータ同士の掛け算の平均値は**「共分散」**と呼ばれています。共分散は相関係数の前段階にある数値で、関係の強さを表す目安となります。「分散」が1種類のデータのばらつきだったのに対し、「共分散」は2種類のデータ間のばらつきといったニュアンスです。この例の場合、会話時間の偏差をデータA、退院までの日数の偏差をデータBとすると、共分散はこのような値となります。

（共分散）＝｛（データA）×（データB）｝の合計÷（データ件数）

－12÷5人＝－2.4

※STEP4：　相関係数を求める

最終的に、数量同士の相関係数は、以下の公式で求められます。

（相関係数）＝｛（データA）×（データB）｝の合計／｛√（Aの偏差平方和）×√（Bの偏差平方和）｝

今の例では……（相関係数）＝－12÷｛√10×√20｝＝－0.85

総関係数マイナス85％というところから、強い負の相関があると読み取れます。

なお、相関係数の説明として、次のように書かれている本もよく見かけますが、結果としては同じものです。

（相関係数）＝（共分散）／｛（Aの標準偏差）×（Bの標準偏差）｝

２つの公式の違いは、計算途中に現れるデータ件数の扱いの違いです。

（共分散）＝｛（データA）×（データB）｝の合計÷（データ件数）

（標準偏差）＝√｛（偏差２乗和）÷（データ件数）｝

図表3-14　相関係数の目安

相関係数	評価
0.7～ 1.0	強い正の相関あり
0.4～ 0.7	中程度の正の相関あり
0.2～ 0.4	弱い正の相関あり
-0.2～ 0.2	ほとんど相関なし
-0.2～-0.4	弱い負の相関あり
-0.4～ -0.7	中程度の負の相関あり
-0.7～ -1.0	強い負の相関あり

◕相関係数の読み方

さて、相関係数が計算できたとして、この数字からどのような判断が下せるでしょうか。

たとえば相関係数＝0・316だった場合、関係があるのでしょうか、ないのでしょうか。実は出来事の解釈について、相関係数それ自体は何の判断も下しません。数字の意味を読み取り、最終的に判断を下すのは人間の役割なのです。図表3－14は、一般的な相関係数の目安です。

ただ、この相関係数の読み方に絶対の正解はなく、出典によっても数値はまちまちです。相関係数いくつ以上を関係ありと見なすかは、学力テストで何点以上が理解したのか、という質問に似ています。厳密に言えばテスト内容と状況次第ですが、70点以上であれば、まあ落第はないだろうとするわけです。ここが統計の数学らしからぬところで、どれほど計算しようとも、最後は人の判断に委ねられます。

そのため統計の数字、特に相関の読み方には、たくさんの注意が付いて回ることになります。

それでは、相関の読み方クイズをやってみます。次の3つは、それぞれ正しいでしょうか、間違いでしょうか？

1．広告費を10万円増やすごとに、A店では来客数が3％ずつ増え、B店では1％ずつ増えた。そのため広告費と来客数の相関は、A店の方がB店よりも強い。

2．お風呂の温度と快適さについてアンケート調査を行ったところ、39度が最も快適で、それ

図表3-15　ふんわり伸びるA店と、堅実に伸びるB店

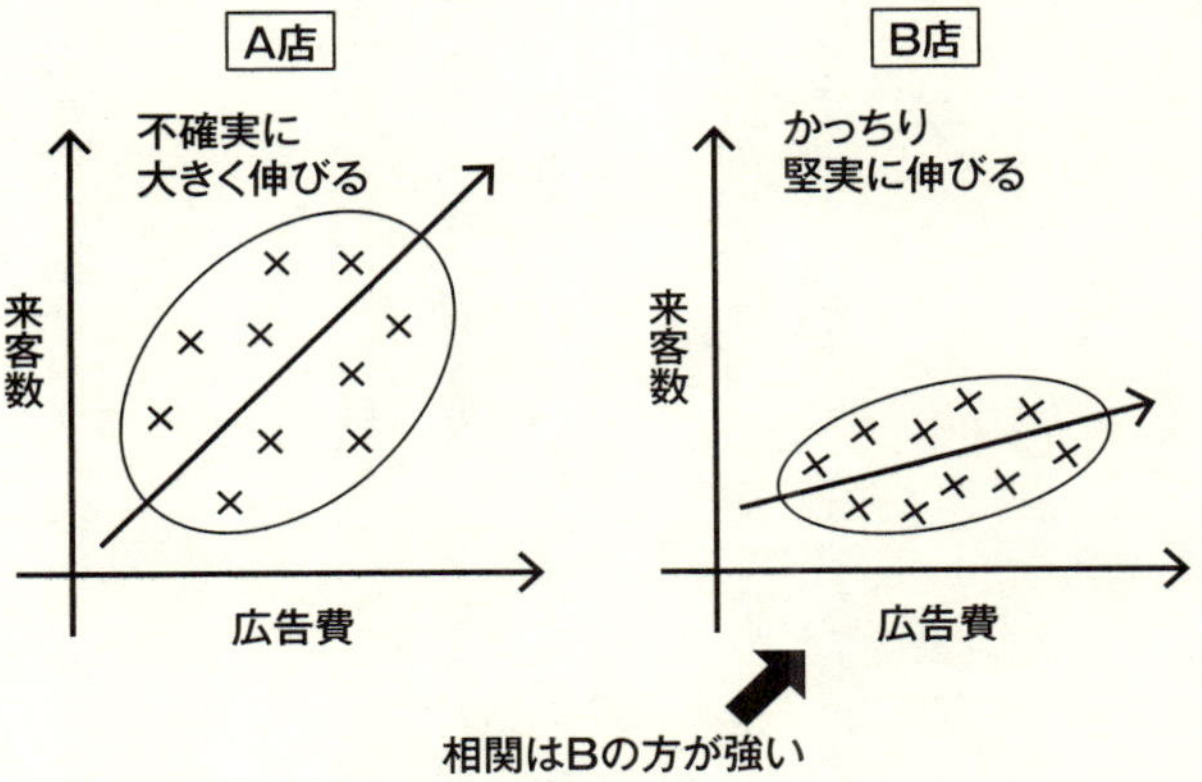

より熱すぎてもぬるすぎても不快という結果が出た。このとき、お風呂の温度と快適さには相関がある。

3．ここ数年、オレオレ詐欺の件数は増加している。同じ時期に、この店の売り上げも増加している。従って、オレオレ詐欺と売り上げには正の相関がある。

1．×

　来客が多いか少ないかの違いは、相関の強さではありません。相関とは、変化の大きさではなく、結びつきの確実さを意味します。増えるかもしれない不確実な3％よりも、確実に増える1％の方が相関が強いのです。そのため右記の文章だけからは、どちらの相関が大きいか判断はできません。

　たとえばこのような状況では、伸び方はA店の方が大きく、相関はB店の方が強いことになります。

2つの散布図を比べたとき、B店で来客数が伸びた要因は広告費に強く結びついていますが、A店では、広告費以外の別の要因も働いているだろうと想像できます。つまりA店の方が、広告費と来客数の結びつきが弱いわけです。

2．×

相関で取り上げるのは、あくまでも直線的な関係だけです。温度に対して、快適さがいったん上がって、その後下がる、といった曲線的な関係は相関に反映されません。もちろんお風呂の温度と快適さには何らかの関係はあるのですが、それは直線的な相関係数では測れないのです。

※より発展的な考え方として、直線的な相関の概念を拡張した方法も提唱されています。

※たとえばデータを39度より下と上の2つに分ければ、上と下のそれぞれで相関があることになります。

3．○

気持ちの上では×としたいところですが、あくまでも統計の数字上は相関ありとなります。だからといって、オレオレ詐欺が売り上げに貢献しているとは思えません。オレオレ詐欺と売り上げが、たまたま同じ時期に増えただけのことです。『相関関係は因果関係ではない』。相関があるからと言って、それが必ずしも物事の原因や理由にはなりません。

何のための相関か

結局のところ人間が判断するのであれば、そもそも何のために相関を測るのでしょうか。筆者は以前、「統計の数字って、出来レースですね」と言われたことがあります。見ればわかることに、わざわざ難しい計算を添えているだけではないかという意味です。実際、相関係数0・7以上の出来事であれば、現場の勘と経験でわかっている場合がほとんどです。相関とは、人間が気付かなかった法則を発見する便利ツールではありません。

それでも相関を調べるのには、思い込みを正す、という大切な役割があります。ジンクスの例からもわかるように、人は思い込みに左右される生き物です。

数字は個人の思い込みを取り払い、事実を示します。現場ではなんとなくわかっていたのだが、事実としてうまく伝えられない。マンガで見たような場面で、相関は大きな威力を発揮します。

相関は、あることだけでなく、ないことにも意味があります。

「何回も遅刻する学生は成績が悪い」。一見、当然のように思える主張ですが、果たして本当でしょうか。

筆者はとある授業で遅刻の回数と成績の関係を調べたのですが、実は何の相関もなかったことに驚いた記憶があります（これが全国全ての授業に当てはまるかどうかはわかりません。また、成績と生活態度とは別の話です）。

思い込みを正し、事実としての説得力を生む。それが相関の役割なのです。

第4章

標本

限られたサンプルから母集団の真の値を推定する

ふぅ…
部活疲れたね。
大会まで
もう少しよ！
けど、正直
練習量
足りていない
よね。
せめて
朝練もやらせて
くれたらね。
なのに顧問の
稲葉先生は…
俺は
朝早く
起きるの
嫌だ。
ソフトボール部
顧問・稲葉竜二
なにそれ！
あり得ない！
やる気
ないんだよ
あの人！
もう少し
話したい
から
食べて
いかない？
お、
いいね！
Saidesuka
あ…

私はいいや…
え～どうしてぇ？
実はお小遣い使い切っちゃって。
Saidesuka
サイデスカ
そっか、じゃあ仕方ないね。
また明日ね。
またね。
レイ姉ちゃん！
お小遣いもう少しだけ上げてほしいんだけど。
みんなとファミレスも行けないいんだよね。
家で食べればいいんだから必要ないでしょ。
そんな！
みんなもっともらってるんだよ！
みんなみんなって、あなたの周りだけでしょ。
そんなことないっ！

菜々の周りだけじゃなくて、あなたの同級生のほとんどが
もっともらっているっていう話なら聞いてあげてもいいわよ。
な…
なにそれ…！同級生全員にアンケートをとれとでも言うの！
じゅ〜
それもいいんじゃない。
レイ姉ちゃんの意地悪っ！
ガチャ
バターン
夜ご飯は？
いらないっ
レイ姉ひど〜い。
うるさい。
…ってお金ないから行くところもないし…

おう、菜々ちゃん。
どうしたケンカでもしたの?
一平兄ちゃん…
…なるほど麗香さんきびしいな…
こえ〜…
下校途中のファミレスは高校生の特権でしょ!
私はただ、
青春したいだけだったのに。
つまり、同級生のお小遣いより少ないことが証明できればいいんだろ。
簡単じゃないか。
え…

ガチャ
あれ、もう帰ってきたの？
早かったわね。
レイ姉ちゃんさっき言ってたよね。
私の同級生が私よりもらっていることが証明できれば、お小遣い上げてくれるって。
もちろんいいわよ。
そんなことができるならね。
約束だからね！

これがうちの高校の同級生のお小遣い平均金額よ。
平均40000円から50000円だったわ。
□□市
高校2年生
平均4000円〜5000円
え
ホントに?
見せて見せて!
これが実態よ!
スマホで調べてみたけど実際の高校生の平均もこんなものよ。
……
けど1時間もしないで調べたなんて信じられない。
確かに。短時間で導き出せるとは思えないわね。
ギク
怪しい。どうやったの?
それは…

…なるほど。一平ちゃんの仕業だったのね。
別にズルしたわけじゃないからねっ！
これは標本っていうんだよ。
標本？
そう、（100%確実ではないけれど）一部を見て全体を推測するんだ。
標本
それが標本だ。

じゃあ学校の人全員のお小遣いを聞かなくてもいいの？
もちろん。標本の数は多ければ多いほど正確に言い当てられるけど、
5～10人で十分見積もれる。
ええ⁉たったそれだけ？
いいから友だちに電話して調査してみて。
えっお小遣いの額を知りたい？別にいいけど。
8人にしか聞けなかった。
十分。
ちょっと待って。計算するから。

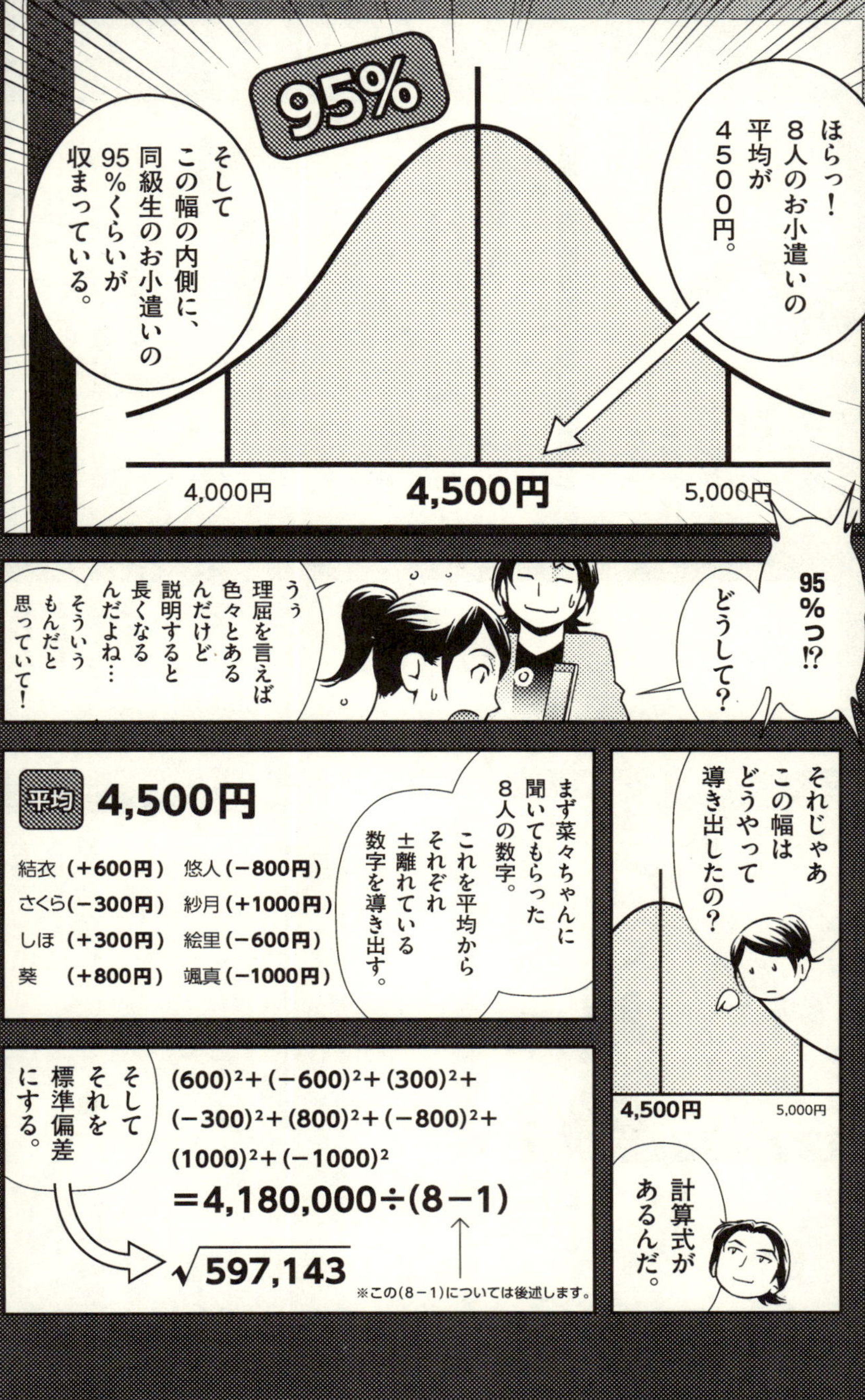

ほらっ！8人のお小遣いの平均が4500円。
そしてこの幅の内側に、同級生のお小遣いの95%くらいが収まっている。
95%
4,000円
4,500円
5,000円
95%っ!? どうして？
うぅ 理屈を言えば色々とあるんだけど説明すると長くなるんだよね…そういうもんだと思っていて！
それじゃあこの幅はどうやって導き出したの？
4,500円
5,000円
まず菜々ちゃんに聞いてもらった8人の数字。
これを平均からそれぞれ±離れている数字を導き出す。
平均 4,500円
結衣（＋600円）
さくら（－300円）
しほ（＋300円）
葵（＋800円）
悠人（－800円）
紗月（＋1000円）
絵里（－600円）
颯真（－1000円）
計算式があるんだ。
そしてそれを標準偏差にする。
(600)²＋(－600)²＋(300)²＋
(－300)²＋(800)²＋(－800)²＋
(1000)²＋(－1000)²
＝4,180,000÷(8－1)
√597,143
※この(8－1)については後述します。

最後に その数字を この式に 当てはめれば いいだけだ。

(4500円) 平均 ± (2.36 × (772.75) 標準偏差 / √8 (=2.83))

=3856〜5144円
標本数
644円
標本数によってこの数字は変動します。

30以上だと1.96になります。

(小数点２桁で切り捨て)

こんなの どうやって 計算するの？

大丈夫！ エクセルを 使えば一発で 出てくるよ。

CONFIDENCE.T
とにかく それが 君の学校の 同級生の お小遣い 平均だ。

頑張って お小遣い交渉 しておいで！

ありがとう 一平兄ちゃん！

ふーん 標本ねぇ…

一平ちゃん 余計なことを…

約束 って言った よね？

しょうがない！ お小遣い アップ してあげるわ。

やったぁ!!

え⁉ そっかぁ! お小遣い上げてもらったんだ。
これで一緒に食事行けるよ!
みんな部活終わりだぞ。もう5時だ。
もうそんな時間ですか?
全然時間が足りない…
稲葉先生、この前の話考えてくれましたか?
朝練の話か。
大会近いんです。
ライバルの学校はもっと練習してるんですよ!
今の時代朝練なんてほとんどやってない。さぁ帰れ帰れ。
え――っ!
ひどい! そんなの聞いたことない!
私たちもっともっとやれるのに……!
……

みんな
私に考えがある…！
一平兄ちゃん！全国の高校の平均を出すのって何校くらいの標本が必要なの？
なんだなんだ？
えっと…まぁ…だいたい100校程度あれば全国と同じくらいになるかな…
わかったありがとう！
しゅたー
なんか俺あの三姉妹にいいように使われてるな…

100校か。
SNSでも電話でもなんでもいいから100校分よ!
みんなでやればあっという間よ。
朝練を実現するために みんな頑張ろう!
根拠もない数字に私たちの大切な時間を削られるなんて許せない!
どした
何を?
私たちの青春は今しかないのよ!

稲葉先生！
見てください。
これが
「部活練習時間」の
全国平均です。
それに
強豪校の
練習時間、
そして
中堅校、
弱小校も
調べています！
朝練を
実施している
学校は
多かったんです。
先生の認識とは
違いますよ。
うちの
部活時間は
弱小校レベル
です！
職員室

全国平均／週
学校数
0
5h
10h
15h
※塔景高校ソフトボール部調べ
大会まで時間がないのにこんなことを…
こんなことって！
こんなことをさせてすまなかったな。
え…
お前たちが一丸になって情報を集めていたのは知っていた。
正直ここまで本気なんだとはわかってなかったよ。
先生…
だったら俺も応えないわけにはいかないだろ。

明日から朝練を実施するぞ。
やったあぁぁ!!
その後の猛練習の成果で大会ではいい成績がとれたって。
よかったな。部活時間の標本をとるなんてやるね。
ところで菜々ちゃんのお小遣いはいくらにアップしたの?
青春ー!!!
500円から1000円。
少なっ!

1を聞いて10を知る

ほんの一部を見ただけで、全体のことが分かる。もし学年全体のお小遣いの平均金額が知りたかったなら、ほんの数名の金額から、全体の平均を高い確率で言い当てることが可能です。学年全員のアンケートを採る必要はありません。一部のデータから全体を推し量る方法のことを**「推測統計」**と言います。

たとえば、

・選挙速報で開票率がほんの数％の段階で、当選確実が知らされる。
・たった3000〜1万人の世論調査から、日本国民全体（1億2000万人）の意向が読み取れる。
・工業製品の一部を抜き取り検査することで、全ての製品について一定以上の品質が保証できる。
・テレビの視聴率は、地区ごとにほんの数百世帯（関東地区なら900世帯）から算出している。

最初にいくつかの用語を覚えておきましょう。

・**標本（サンプル）**

全体の中で、実際に調べることのできる手持ちのデータのことを「標本」または「**サンプル**」と言います。マンガ中に出てきたお小遣いのデータの場合、実際に聞き取ることのできた数名の友人が「標本」です。

・母集団

標本を取り出す元になる、知りたかった全体のことを「母集団」と言います。お小遣いの場合、学年全員が「母集団」です。

・推定

統計学で「推定」という用語は、標本から母集団の性質を推し量ることを意味します。お小遣いの場合、数名の友人のお小遣いから、学年全体のお小遣いを「推定」します。

・サンプルサイズ（標本サイズ、標本の大きさ）

手持ちのデータの数のこと。正式な言い方では「サンプルサイズ」または「標本サイズ」、「標本の大きさ」と言います。

お小遣いの場合、マンガでは8人の金額が聞き取れたので、サンプルサイズは8です。間違いやすいのは「サンプル数」（または「標本数」）という用語で、サンプル数とサンプルサイズは別のものです。サンプル数（標本数）とは、データの数ではなく、標本の数のことを意味します。お小遣いの調査であれば、奈々ちゃんの標本がサンプル数1個。別の誰かが似たような調査を行えば、もう1個別の標本ができるので、サンプル数2個。5人が別々の調査を行えば、サンプル数5個となります（「データ数」という言い方はあまり学術的ではないのですが馴染《なじ》みやすいため、本書ではサンプルサイズの意味で用います）。

信頼水準は「ほぼ確実」レベル

サンプルサイズ（標本に含まれるデータの数）は、どれだけあれば十分なのか。この質問に答えるには、まず**「信頼水準」**という考え方を理解する必要があります。「信頼水準」とは、確実といっても差し支えない確率のことです。推測統計の答は100%絶対確実ではなく、95%確実である、といった確率が付いた形を取ります。

この〝95%確実〟といった、答の確からしさのことを「信頼水準」（または**信頼係数**）と呼んでいます。信頼水準とは目標数字のようなもので、「正確を期したいから99%にしよう」とか、「大体のことがわかればよいから95%にしておこう」など、状況ごとに判断する人が決める数字です。

もし100%絶対確実な答を求めるなら、結局のところ母集団全部を調べるしかありません。仮に母集団が1000人いたら、1000人全員の数字を集めないと正確な答は分かりません。そこで、100%正確な答はあきらめて、95%確実なラインでとりあえず満足しましょう、とするのが推測統計の方針です。

図表4-1　信頼水準のグラフ

標準偏差1000円のお小遣いを±700円の範囲で言い当てるのに必要なサンプルサイズ

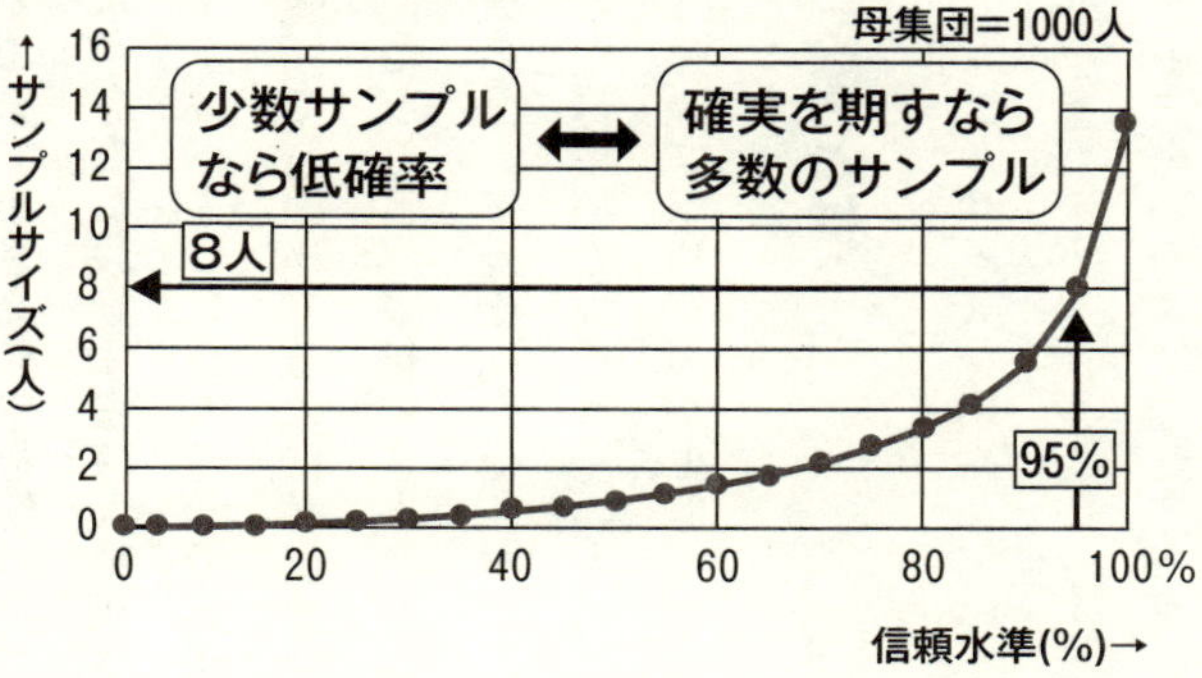

信頼水準を95％まで落とせば、調べる人数は１０００人よりもずっと少なくて済みます。マンガで見たように、たった８人からでも意味のある結論が導き出せます。

お小遣いの例で考えてみましょう。

学年１０００人のうち半分の５００人を調べたところ、平均金額が５０００円を上回ったとします。この状況で１０００人全員の平均が、実は４０００円以下だったということはあり得るでしょうか。４０００円以下になるためには、残り５００人の平均がそろいもそろって３０００円以下でなければなりません。そんなことは絶対無いとは言い切れませんが、残り５００人が偶然にも３０００円以下となる確率は、ざっと4.54×10^－802……小数点以下0.000…と、０が８００個以上も続く小さな確率となります（平均４０００円、標準偏差１０００円の母集団から、連続して500回ずつ、5000円以上と3000円以下が取り出される確率）。

これはもう、事実上あり得ないと判断すべきでしょう。

では、どこまで小さな確率を切り捨てて良いのか。それを決めるのが信頼水準という数字です。信頼水準を高く設定するほど結果は正確ですが、より多くのサンプルを必要とします。

図表4－1は、1000人で（母集団の）標準偏差が1000円のとき、お小遣いを＋－700円の範囲で言い当てるのに必要なサンプルサイズを示したものです。たとえば横軸の95％の点を上にたどると、縦軸の8人のところでグラフにぶつかります。信頼水準を99％まで上げても、14人のサンプルがあれば十分であることがグラフから読み取れます。グラフ上で100％のところが母集団の大きさそのもの（1000人いたなら1000人）であることを考えれば、いかにサンプルサイズが小さくなるか見て取れるでしょう。

信頼区間とは？

実際にサンプルサイズを増やしていくと、標本から読み取れる平均値はどのように変わるのでしょうか。まだデータが少ないうちは、母集団についてあまり正確なことはわかりません。それがデータを増やすにつれて、フワッとしたあいまいな情報から、クッキリした正確な情報へと焦点を結びます。その様子を示したのが、図表4－2のグラフです。

このグラフは、調査した人数を増やしたときの、標本から読み取った平均値です（母集団の

図表4-2　サンプルサイズと標本の平均値

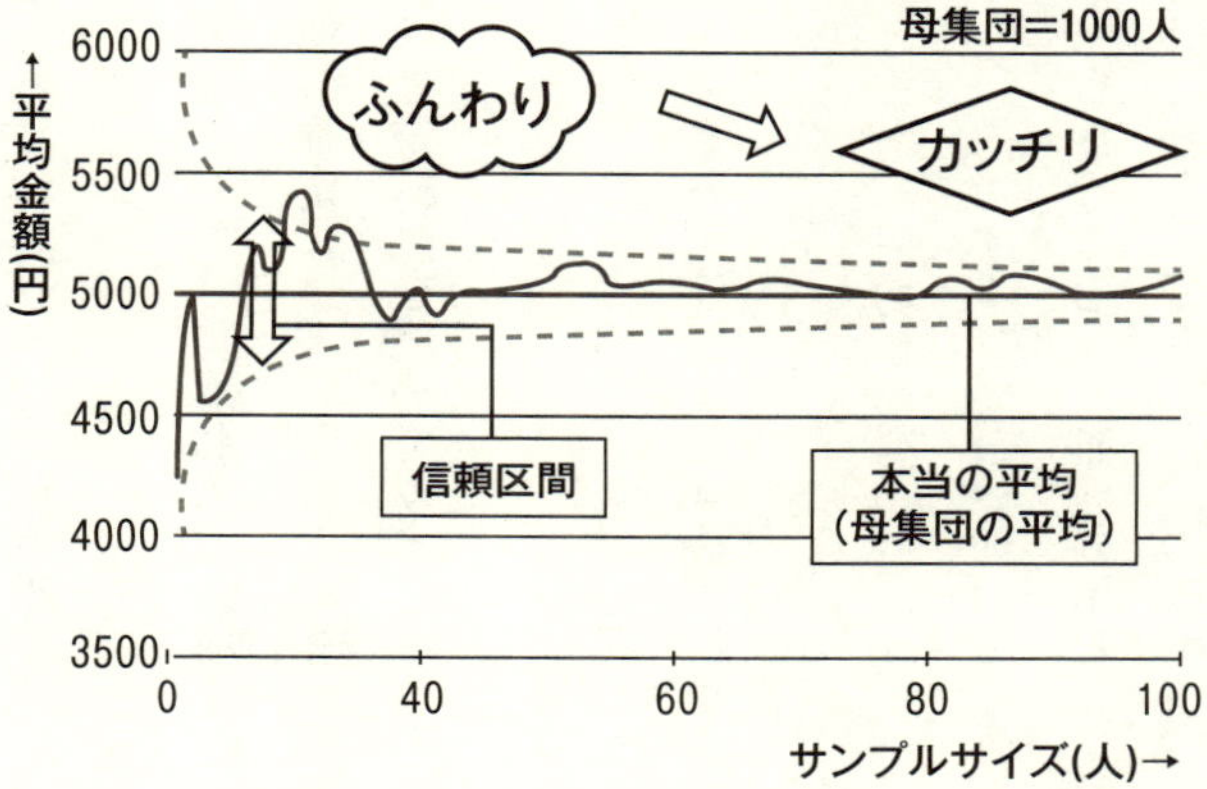

お小遣い平均値が5000円、標準偏差が1000円として作成しました）。右に行くほど変動が小さくなり、本当の平均値に近づく様子が読み取れます。問題は、この〝ふんわりからカッチリ〟に変わる様子を、どうやって数字に表すかなのですが、そこで編み出されたのが**「信頼区間」**というアイデアです。「信頼区間」とは、標本から読み取った値がほぼ収まる範囲のことです。知りたかった値（今回の場合は平均値）が、きっとここからここまでの間に入っているだろうと見なせる範囲が信頼区間です。信頼区間が広いほど〝ふんわり〟、狭いほど〝カッチリ〟です。このグラフでは、2本の点線に挟まれた間が信頼区間となります。

　信頼区間とは、絶対確実に100％収まる範囲のことではなく、〝ほぼ収まる〟範囲であることに注意してください。〝ほぼ収まる〟とは、正確に言えば信頼水準に決めた範囲内に収まる、ということです。たとえば信頼水準を95％に決めたなら、信頼区間（点線の間）に収まることになります。つまり信頼区間は、サンプルサイズと信頼水準によって幅が変わってくるのです。サンプルがたくさんあるほど狭く、信頼水準が高いほど広くなります。

サンプルサイズ、信頼水準、信頼区間。

平均値の推定には、いつもこの３つの数字が付いて回ります。これらを踏まえて、改めてお小遣いの推定結果を眺めてみましょう。

『学年全体（１０００人）のお小遣いの平均値は、８人のサンプルより、信頼水準95％で、信頼区間３８５６円～５１４４円の間にあるとわかる』

なんとまあ、歯切れの悪い言い回しでしょうか……答を知りたい側からすれば、『平均値はズバリ○○円です！』と言い切ってくれた方が、よほどスッキリすることでしょう。

しかし残念なことに、推測統計には１００％絶対確実な答はありません。事実に忠実たらんとすれば、どうしても「○○の確率で、ここからここまでの間に答がある」と言わざるを得ません。たとえ歯切れが悪くても、ここでは確率と区間という独特の考え方を受け入れて下さい

（推定の方法には、信頼区間を示す「**区間推定**」の他に、最も近いと思える値を１つだけ示す

「**点推定**」があります。点推定には信頼区間の概念はありませんが、その代わり「**標準誤差**」という精度の見積もりが求められます）。

図表4-3

t分布　(サンプルサイズ=8、自由度=7の場合)

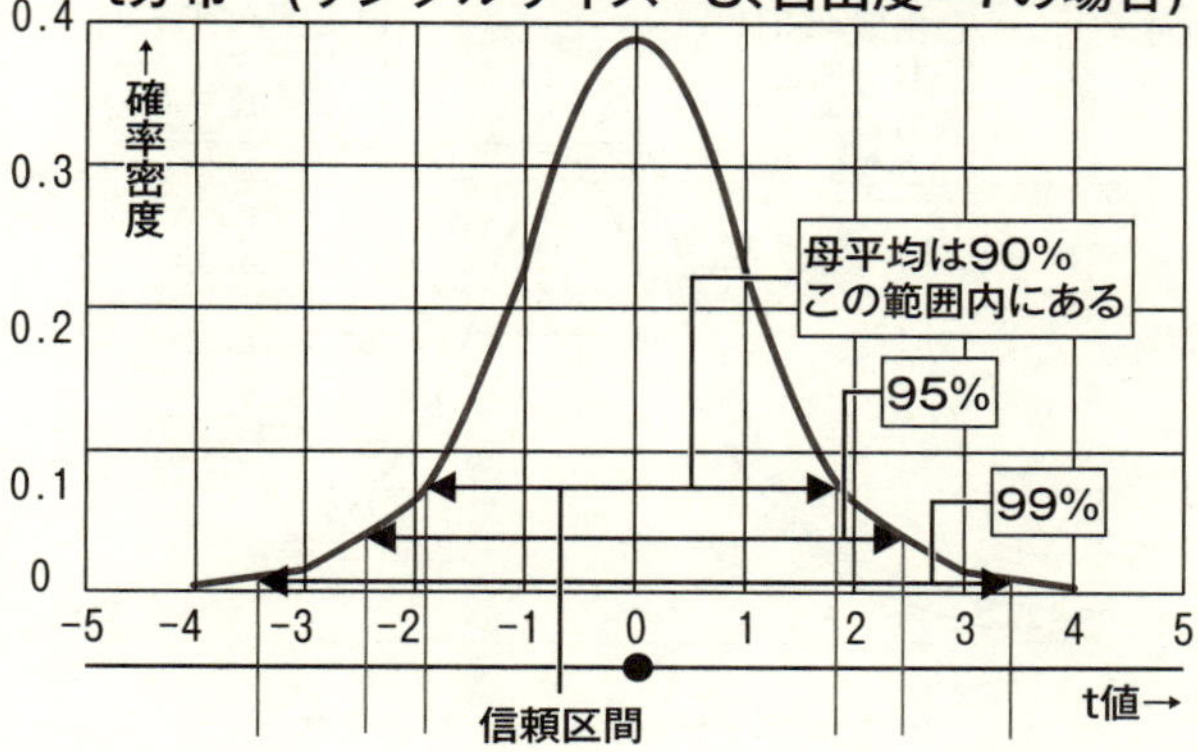

t分布と区間推定のイメージ

それでは、信頼区間はどうやって知ることができるのでしょうか。試しに、大きな母集団から何度も標本を取り出して、標本の平均を測る実験を繰り返したとしましょう。そうして数え上げた標本の平均値をヒストグラムにまとめると、図表4－3のように、釣り鐘型の分布となります。

このグラフは、母集団から8個のサンプルを繰り返し取り出して、その平均をまとめたものです。この釣り鐘型の分布には「**t分布**」という名前が付いています。あらかじめt分布を知っておけば、いざ実際に8個のサンプルが得られたとき、サンプルをt分布に当てはめることで信頼区間が推定できるでしょう。t分布の数値は、すでに「t分布表」とい

図表4-4

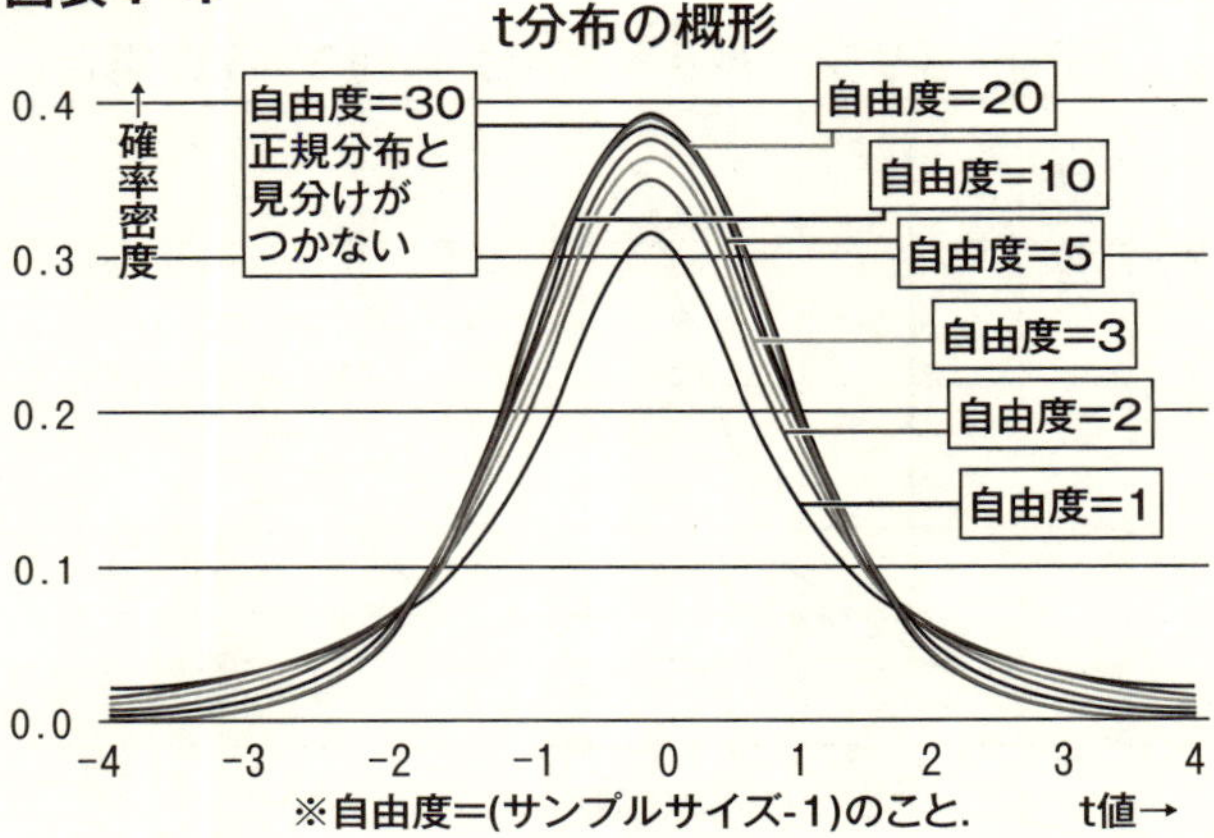

う形に整理されています。使う側の立場からすれば、t分布表を引くだけで信頼区間を知ることができます（t分布表は一般的なパソコンの中に記録されているので、信頼区間の計算はパソコンから引き出すだけ、ということになります）。

t分布の形は、取り出すサンプルの数によって少しずつ変化します。サンプルが8個の場合は「自由度7のt分布」となります。自由度とは「サンプルサイズ−1」のことで、サンプルが8個の場合、自由度は7となります。ややこしい数え方ですが、サンプルが1個だけの場合t分布は意味をなさないので、その1個分を差し引いて数えた数字が自由度です（第5章で改めて詳しく説明します）。

図表4−4は、自由度を変えたときのt分布を重ねて描いたグラフです。

自由度が大きくなるにつれて、グラフは狭く中央に集まってきます。これは、サンプルサイズが大きくなるにつれて信頼区間の幅が狭くなることを意味します。サンプルサイズが30個よ

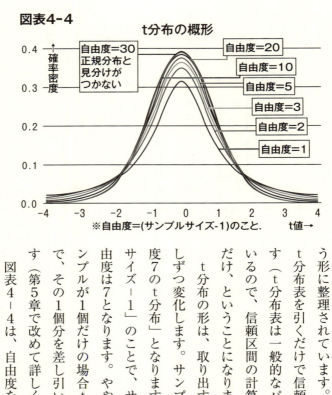

り大きくなると、グラフはほぼ一定の形に落ち着きます。実はこの、t分布の自由度をうんと大きくした形が正規分布なのです。別の言い方をすれば、正規分布をサンプルサイズが小さい場合にも当てはまるように、横に広げた形がt分布なのです。サンプルサイズが30個より大きければ、t分布の代わりに正規分布を用いても、結果はほとんど変わりません。

t分布の当てはめ方

改めて図表4－3のt分布に戻りましょう。このグラフの上で、信頼水準95％の区間が知りたかったなら、t分布全体の95％が収まる範囲を調べます（釣り鐘型の面積の95％が含まれる範囲のことです）。

グラフの横軸を見ると、**t値**＝－2.36～＋2.36の範囲が信頼水準95％の区間であると読み取れます。さて、このt値とは何でしょうか。t値とは、母集団の標準偏差を1単位とするモノサシのことです。

t分布をつくるにあたって、単位を何にするかは悩ましい問題でした。もしcmやkg、円などにすると、それ以外の場面に使えない中途半端なものになってしまいます。こんなときに便利な方法は、モノサシを標準偏差にそろえることです（第2章参照）。モノサシの目盛を標準偏差に合わせることで、t分布はどんな場面にでも使えるツールとなりました。このため、t分布を利用するには、標本の標準偏差をうまくt分布に合わせる手続きが必要となります。

ここで1つ、やっかいな問題があります。t分布のモノサシは「母集団の」標準偏差であって、手元にある「標本の」標準偏差ではありません。それゆえ、手元にある標本の標準偏差から、元になった母集団の標準偏差を推し測る必要が生じます。

これらをまとめて、t値から信頼区間を計算する方法は、次のようになります。

$$（信頼区間）=（標本の平均）\pm（t値）\times\sqrt{（不偏分散）\div（サンプルサイズ）}$$

ここで**「不偏分散」**という用語が初めて登場しました。不偏分散とは、第2章で出てきた分散と似た数字ですが、少しだけ値が異なります。不偏分散が母集団についての分散なのに対して、手元にある標本の分散のことを、標本分散と言うことがあります。

・標本分散：（手元にあるデータから直接求めた標準偏差）

（偏差）^{2}の合計／サンプルサイズ

・不偏分散：（母集団の標準偏差を推定した値）

（偏差）^{2}の合計／（サンプルサイズ−1）

なぜ母集団と標本で分散が食い違うのか、詳しい説明は後に回します。

信頼区間の式の値を√（サンプルサイズ）で割る理由は、標本平均のばらつきに由来します。サンプルサイズが3個の小さな標本をたくさん（たとえば1000個）つくった場合と、サンプルサイズが100個の大きな標本をたくさんつくった場合を想像してみてください。たくさんの小さな標本の平均値のばらつきは、大きな標本の平均値のばらつきよりも不安定で、大きく変動することでしょう。実際に調べてみると、標本平均の分散は、サンプルサイズに反比例して小さくなることが知られています。標準偏差は√分散なので、結局のところ信頼区間は√（サンプルサイズ）に反比例して小さくなります。

具体的に、マンガにあったお小遣いの例で信頼区間を計算してみましょう。図表4－5をご覧ください。

8人のお小遣いの金額の、平均からの差額を2乗して足し合わせます。

図表4-5　信頼区間を計算する

名前	金額	平均からの差額
結衣	¥5,100	¥600
さくら	¥4,200	-¥300
しほ	¥4,800	¥300
葵	¥5,300	¥800
悠人	¥3,700	-¥800
紗月	¥5,500	¥1,000
絵里	¥3,900	-¥600
颯真	¥3,500	-¥1000
平均	**¥4,500**	

（偏差2乗和）＝600^2＋$(-300)^2$＋300^2＋800^2＋$(-800)^2$＋…＝4180000

この偏差2乗和を、人数から1引いた数、7で割ります。8人ではなく、7で割るところに注意してください。

（不偏分散）＝4180000÷7＝597142.86

不偏分散のルートをとったものが、**不偏標準偏差**です。

（不偏標準偏差）＝$\sqrt{597142.8571}$＝772.75

ここでは〝不偏標準偏差〟を不偏分散の平行根という意味で用いています。不偏分散の平方根は、じつは標準編差の不偏推定量ではありません。

この数字を、信頼区間の式に当てはめて計算します。

今の場合、（t値）＝2.36、サンプルサイズ＝8人なので、

（信頼区間）＝（標本の平均）±（t値）×（不偏標準偏差）÷$\sqrt{（サンプルサイズ）}$

＝4500±2.36×772.75÷$\sqrt{8}$

＝4500±644

＝3856～5144

学年全体のお小遣いの平均値は、95％の確かさで3856円～5144円の間にあるとわかります。

標本分散と母分散の違い

分散（ひいては標準偏差）の値は、標本と母集団とではわずかに食い違います。以下では分散についての食い違いを説明します。たくさんの標本について分散を調べると、本当の（母集団の）分散よりも少しだけ小さくなる傾向が見られます。試しにサイコロを一度に10回ずつ、10セット転がして調べた結果が図表4－6です。

10セットの分散の平均はこの場合2・64で、サイコロの本当の分散2・92よりも少し小さくなっています。この食い違いを調整したのが「不偏分散」と呼ばれる値で、表の中では2・93と、本当の分散に近くなっています。

つまり、分散には次の3種類があるのです。

・標本分散

手持ちの標本データについて、そのまま素直に計算した分散のこと（第2章で述べた分散は、この標本分散です）。

・母分散

母集団の、本当の分散のこと。母集団全部を調べ上げなければ、正確に知ることができない。

・不偏分散

母分散を推定するために、標本分散を調整した値。

具体的に、不偏分散はどのような調整を行っているのかというと、標本分散が平方和をデータの数で割っているところを、不偏分散では（データの数－1）で割ります。

標本分散：（偏差）^{2}の合計／データ数

不偏分散：（偏差）^{2}の合計／（データ数－1）

図表4-6　標本分散と不偏分散の違い

サイコロを10回×10セット転がした結果

	1セット	2セット	3セット	4セット	5セット	6セット	7セット	8セット	9セット	10セット	
1回目	1	3	5	2	4	2	1	3	3	4	10回×10セット全部の分散↓
2回目	2	4	2	1	1	2	1	2	4	3	
3回目	2	1	2	1	2	3	2	6	1	4	2.95
4回目	2	3	2	1	4	3	6	2	3	3	
5回目	1	4	6	4	1	2	4	1	5	3	
6回目	2	6	6	6	1	5	2	6	1	5	10セットの分散の平均値↓
7回目	4	6	5	5	4	2	4	4	3	5	
8回目	2	6	2	6	3	2	6	4	6	4	
9回目	6	5	6	1	5	4	6	2	1	3	
10回目	2	3	5	5	2	5	6	2	6	5	
標本分散	2.04	2.49	3.09	4.36	2.01	1.40	4.16	2.76	3.41	0.69	2.64
不偏分散	2.27	2.77	3.43	4.84	2.23	1.56	4.62	3.07	3.79	0.77	2.93
										母分散→	2.92

不偏分散：母分散に一致するように調整した値

標本分散：標本の分散をそのまま計算した値

母分散：本当の値（1～6が均等に出たときの分散）

分母を少しだけ小さくすれば、全体の値が少しだけ大きくなる。一見、安直な解決方法に思えますが、これにはれっきとした理由があります。改めて図表4−6に戻りましょう。10回×10セット＝100回全部の分散を計算すると2・95となり、母分散2・92に近い値を取ります。この全部で100回のデータを、10セットに分けたのが各々の標本分散です。

ということは、10セットの標本分散をうまい具合に合わせれば、元の母分散が再現できるはずなので、問題は「10セットを平均して合わせる」過程にあるのだと察しが付くでしょう。実のところ分散には平均すると失われる傾向があって、10セットの標本が持っていた10個の数字のばらつきが、平均の過程で数え落とされていたのです。

どの程度数え落とされているのか。

平均の操作1回分は、この表で言えば「実はもう1つ横一列に並んだ標本があって、それを数え落とした」と見なせます。つまり数え落としは、ちょうどデータ1個分に相当します。なので、そのデータ1個分相当を差し引けば、うまく調整できるというわけです。

以上、分散にまつわる複雑な事情は、データの数が多くなれば実質的な問題にはなりません。もしデータが100個あれば、標本分散と不偏分散の違いは、1/100と1/99の違いです。

・手持ちのデータそのものについての分散を知りたい場合には「標本分散」を使います。
・手持ちのデータから母分散を推定したい場合には「不偏分散」を使います。

母集団が正規分布でなかったら

以上の方法は、データが正規分布だったときに最も威力を発揮します。推定したい元となるデータが正規分布のとき、元のデータは**「正規母集団」**と呼びます。

では、正規母集団でなかったときはどうかと言うと、サンプルサイズを十分大きく取れば、ほとんどの場合に適用することができます。この推定方法では、母集団そのものが正規分布である必要はありません。

ただ、母集団から取り出した標本の平均が正規分布となることが必要条件です。幸いなことに、大半の分布については『元データがどうであれ、たくさん足し合わせると、正規分布になる』という性質があります（第1章、中心極限定理）。

それゆえ十分多くのサンプルさえ確保できれば、区間推定の方法は依然として有用です。どれだけ多くのサンプルを必要とするかは、どれだけ多くのサンプルを取り出せば正規分布に近づくかによります。目安としては100件以上です。

推測統計の答は常に確率をともなうため、どうもはっきりしない印象を拭えません。しかしよく考えてみると、実際に私たちが得ることのできる情報は限られています。そこで私たちにできるのは、最も確率の高い答を探り当てることなのです。この考え方を受け入れるならば、推測統計は極めて有用なツールとなることでしょう。

第5章

カイ二乗検定

カテゴリの差を調べる

ザァァァ
MALL
一平ちゃんって頼りになるわよね。
一平兄ちゃんってヒーローみたいだったよ。
五十嵐さんうちのコンサルタントになってくれないかしら。
……

なによ 最近みんなして 一平ちゃん 一平ちゃんって…
一平兄ちゃんを なんだと 思っているのよ。 便利屋じゃないのよ。
って どうして私が 一平兄ちゃんのこと なんかで イライラしないと いけないのよ…
バサバサバサ
きっと最近 雨ばっかりだから 気分が 滅入ってるんだ。 そうに決まってる！
…商品が傷むから やめてくれない？
万丈さん！
す… すみませんっ。
つい…
ちょっと 話せるかしら？

二階堂さんと五十嵐さんのおかげでこの店舗も目に見えて売り上げが上がったわ。
ありがとうございます。
ただ…約束の目標金額にはまだ届いていない。
期限の3か月はもうすぐ…
残念だけどこのままじゃ結果は見えてる。
ここまで来たらなにか起爆剤を考えないと店は救えないわよ。
わかりました…！一平兄ちゃんにも相談してプランを立ててみます！
期待してるわ！
結局私も一平兄ちゃんに頼っちゃうんだよね…

え…
一平兄ちゃん
海外に
行っちゃってる
んですか?
そうなのよ。
急に
決まって。
来月まで
戻って
こないの。
……
うぅ…
何よ。
黙って
海外に
行くなんて。
前もって
教えてくれたら
いいのに。
やばい!
来月まで
戻らないって…
期限の
3か月は
もうすぐ…

いや…私は
みんなみたいには
ならない…！
一平兄ちゃんが
いなくたって
やってみせる…！
ただいま〜。
また雨で
部活中止だよー。
ほんと最近
雨ばっかり。
ほら、
拭いて。
ちー姉ちゃん、
今日も一人で
やってるの？
そうね、毎日
図書館行ったり
ほかのお店調べたり
がんばってるみたい。
意地はらずに
一平兄ちゃんに
ケータイで聞けば
いいのに…
ねえ。
聞こえてるよ！

二人とも番号知ってるってこと…?
もん
もん
もん
数日後
…どれもダメね。
もう一度考えてみて。
そ…そうですか。すみません…
けど、おかしいのよね。
私には客足が伸びてる印象だったのに、でも売り上げはそこまでの変化がないなんて…
………
とにかくがんばって! 経営陣を納得させるには数字しかないのよ!
ポツ
はっ…はい!
ポツ
そんなこと言ったって…
ザアアア

たしかに最近お客さんは増えてると思う。
けどそうでない日も多い。
今日もガラガラだったし。
人が増えたり減ったり――
数字が変化する意味がわからない…
ただいま。
やっぱり経験の少ない私には無理…
ホテルから？…そう
一平ちゃんも大変ね。
とにかく体には気をつけて。
おみやげ？私はいらない。
一平兄ちゃん助けてっ!!

…なるほどな、そういうことか。

もう私…どうしたらいいのかわからなくて…

つまり人が増えたり減ったりすることの意味、だな。

だったら、
カイ二乗検定を使ってみたらどうだ？

カイ二乗検定？

カイ二乗検定とはデータのばらつきが偶然そうなっているのか、それとも何か理由があるのかの判断の手がかりを得る手法のことだ。

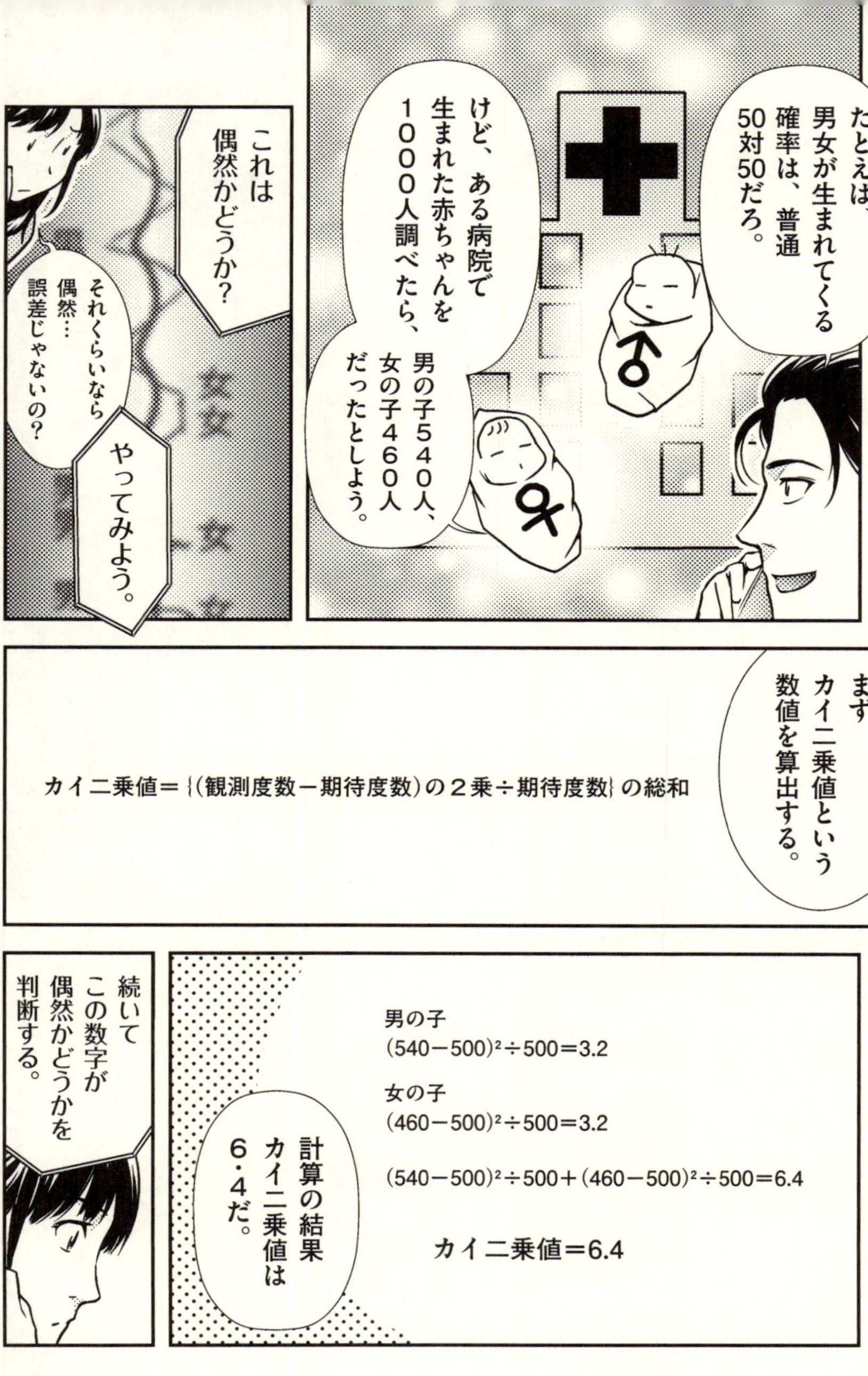
たとえば、男女が生まれてくる確率は、普通50対50だろ。
けど、ある病院で生まれた赤ちゃんを1000人調べたら、
男の子540人、女の子460人だったとしよう。
これは偶然かどうか？
それくらいなら偶然…誤差じゃないの？
やってみよう。
まずカイ二乗値という数値を算出する。
カイ二乗値＝{(観測度数−期待度数)の２乗÷期待度数}の総和
男の子
$(540-500)^2 \div 500 = 3.2$
女の子
$(460-500)^2 \div 500 = 3.2$
$(540-500)^2 \div 500 + (460-500)^2 \div 500 = 6.4$
カイ二乗値＝6.4
計算の結果カイ二乗値は6・4だ。
続いてこの数字が偶然かどうかを判断する。

それがこの図。
カイ二乗分布
（自由度１）
5%
3.84
偶然 ⇐ ⇒ 偶然にしてはおかしい
通常からのずれが大きくなるほど起こる確率が小さくなることを示したグラフだ。
全体の５％未満を偶然でない線とした場合、
カイ二乗値は３・８４を基準とする。
3.84
⇐ ⇒

６・４は３・８４より大きい数値になるから、つまり——

これは偶然ではあり得ない…となるわけだ。

誤差じゃないんだ…

カイ二乗値を使えば君のお店で人が増えているのは偶然か、それとも偶然でないのか、結論づけることができる。

なるほど…

ただ問題はカイ二乗検定には２つの仮説が必要だってことだ。

仮説？

赤ちゃんの例でいえばこんな感じ。

仮説が正しいか正しくないかを判断するための手法だからね。

帰無仮説
『男女の出生率は等しい(＝)』

対立仮説
『男女の出生率は等しくない(≠)』

だから
まずは本当に
人が増えているのかを
調べる必要がある。
そして
なぜ増えたかの
仮説を立ててみる。
その仮説が
正しいかどうか、
カイ二乗検定で
明らかにするんだ。
仮説か…
悪い！
バッテリー
切れだ。
明日も
早いし
もう寝るよ。
えっ!?
じゃあな。
仮説だぞ！
ブツッ
……
…大丈夫？
レイ姉ちゃん
ありがとう。
なんとか
してみる！

	月	火	水	木	金	土	日	月	火	水	
10:00	55	56	56	67	62	69	75	61	49	60	
13:00	72	67	78	92	79	71	94	80	82	81	
16:00	100	112	104	105	132	133	142	129	123	106	98
19:00	107	112	104	105	132	133	142	129	123	106	

近くの店でこの日だけ特売をしてるわけないし…
うちの店の新しいデザインの発表でもないし…
特別素敵な店員がいるわけでもないし…
……やっぱりただの偶然なのかな…？
これ「晴れた日」じゃない？
えっ？
最近雨ばっかりで夕方の部活が全然できないの。
先週と今週部活できた日がこの3日間だけだったから間違いないよ。
晴れた日の夕方に人が集まるって仮説？　そんな単純な理由？
きっとそうだってば！計算してみてよ！
いいわよえっと…
カタ
カタ

うそっ！カイ二乗値が有意水準を超えている！
合計：
34956
283155
.640939
.343313
.616966
0.589817
2.165085
6.143406
0.579276
9.477583
ほらぁ！偶然じゃないよ。
晴れた日のこの時間帯に一体なにがあるの!?
MALL
…ほんとだ、たしかに人が集まってくる…
わいわい
…って、どう確かめよう…？
どうしてうちの店にいるんですか？って…
お客さんにそんな失礼なこと聞けないし…
世話がかかるな。物怖じしてる場合かっての！

一平兄ちゃん!?
どうしてここに？
千尋が困っているって聞いたから、一時帰国したんだよ。
えっ！
すみませーん、
失礼ですけど、このお店にはこの時間何が？
じつは今このお店が猫好きの間で話題になってるんですよ。
猫？
夕方にこの場所で猫が浮かび上がるんです。
へ？浮かび上がるって？
そろそろ時間ですよ。
パアアア

ほらっ！
ちょうど入り込む夕日が反射して猫がたくさんいるように見えるんです！
わぁかわいい！
全然気がつかなかった。
…これは使えるぞ。

違いがわかる検定

検定とは、複数のグループの間にはっきりした差があるかどうかを見極める方法です。正確には**「統計的仮説検定」**と言います。また、はっきりした差があることを「有意差がある」という言い方をします。差があるかどうかなど、一見すればわかりそうな簡単なことを、なぜ難しく考えるのでしょうか。

そこで問題です。

問題1、男女の出生率が同じだとして、とある病院で産まれた男の子が540人、女の子が460人だったなら、男の子が有意に多いと言えるのでしょうか。それとも今回偶然、たまたまそうなっただけなのでしょうか。

数字に表れた差が、たまたま偶然に過ぎないのか、それともはっきりした違いなのか。こうした悩ましい問題に判定を下すのが、統計的仮説検定という方法です。

有意水準とp値

検定を行うに先立って、あらかじめ偶然と必然の境界線を定めておく必要があります。この境界線に相当する確率のことを**「有意水準」**と言います。「有意水準」とは、たまたま偶然とは見なせない確率のことです。有意水準は状況に応じてあらかじめ判断する人が決めておく数字で、通常5％か1％に設定します。有意水準は、第4章で登場した信頼水準と補完的な関係にあります。信頼水準が〝確実と考えられる確率〟なのに対し、有意水準は〝偶然ではあり得ないと考えられる確率〟を意味します。

問題1の赤ちゃんの例で考えてみましょう。

1000人の赤ちゃんが1000人とも男の子である確率は、ざっと9.33×10^－302、小数点以下0.000…と、0が300個以上も続く小さな確率になります。これはもう誰が見ても、たまたま偶然だとは思えません。では、男の子が510人、女の子が490人だったなら？　そうなる確率は52・7％、2回に1回はあっても不思議ではない、偶然の範囲だと考えられます（この確率を出すための計算方法は本書のレベルを超えるので割愛します）。

では、男の子が540人、女の子が460人だったならどうでしょうか。

この場合の確率は、およそ1・1％になります。この1・1％という数字を、偶然と見るか、それとも偶然ではあり得ないと見るか。これはもう数学の問題ではなくて、決め事の問題です。有意水準5％、つまり5％未満は偶然ではあり得ないと考えるなら、有意に男の子が多いと判断されます。しかし有意水準1％、つまり100回に1回以上起こることはやはり偶然なのだと考えるなら、男の子と女の子にはっきりした差はないと判断されます。

つまるところ最後に判断を下すのは人なのです。

統計が行っているのは、人が判断しやすいように物事を確率の数字に置き換えることです。ときおり検定というものを、全自動で判断を下すブラックボックスだと思っている人を見かけますが、決してそんなことはありません（何を隠そう、筆者も最初は全自動だと思っていました）。

なんとなく男の子が多いなぁ、という思いを、〝確率1・1％〟という判断しやすい数字で示すこと。それが統計の役割です。

データから導き出した、事象の起こる確率の値を**「p値」**といいます。pは英語の確率Probabilityの頭文字です。赤ちゃんの例では「p値＝1・1％」です。

確率を知る分布表

では、p値はどうやって知ることができるのでしょうか。実は、よく使うp値を一覧にまとめた答の表がすでに何種類か用意されています。赤ちゃんの問題で使う表は**「カイ二乗分布表」**です。

「カイ二乗分布表」のアイデアは、およそ次のようなものです。

男女が1／2の確率で生まれるとしたとき、1000人の赤ちゃんについて男の子が、

510〜490からはみ出す確率＝52・7％

520〜480からはみ出す確率＝20・6％

530〜470からはみ出す確率＝5・8％

540〜460からはみ出す確率＝1・1％

このように、人数のずれの大きさと確率を、あらかじめ表にまとめておけば便利です（図表5－1）。

図表5-1　赤ちゃんが男女で生まれる確率

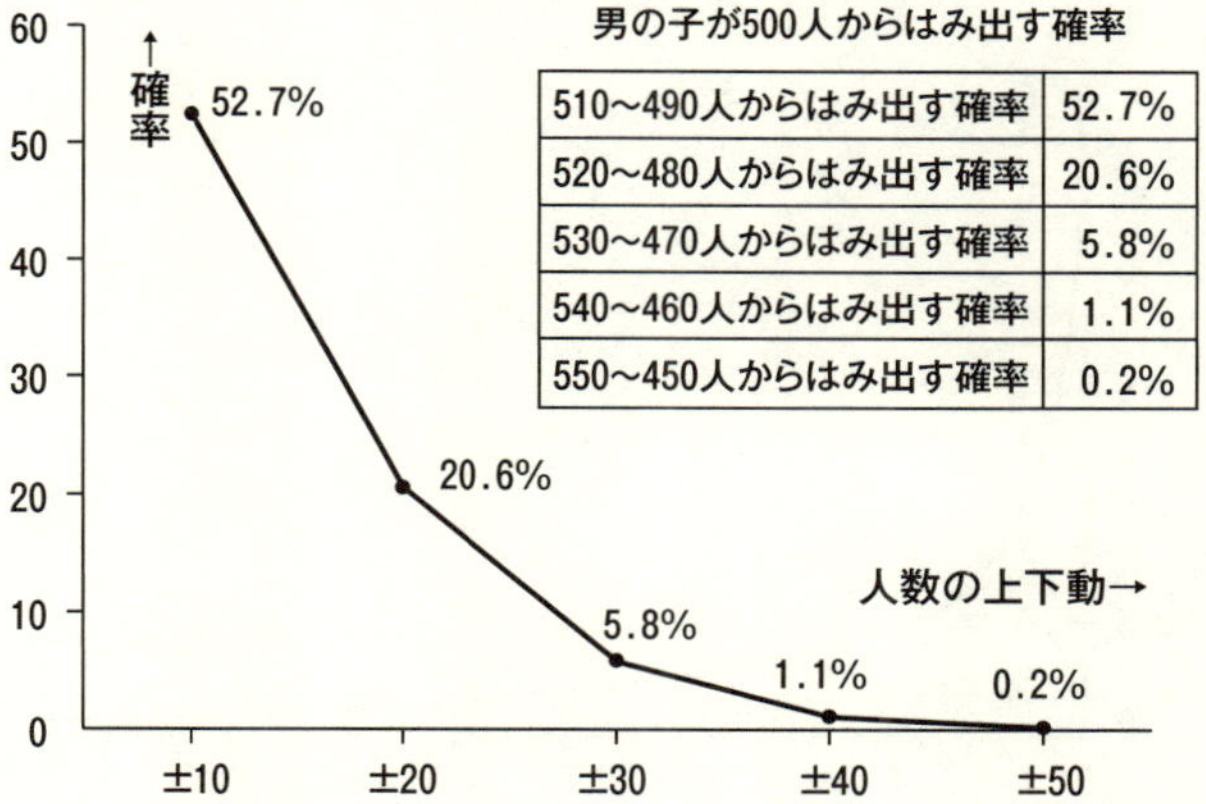

男の子が500人からはみ出す確率

510〜490人からはみ出す確率	52.7%
520〜480人からはみ出す確率	20.6%
530〜470人からはみ出す確率	5.8%
540〜460人からはみ出す確率	1.1%
550〜450人からはみ出す確率	0.2%

ただ、このままだと1000人の場合にしか当てはめることができません。そこでもう一工夫して、ずれの大きさを人数ではなく、データ全体に占める割合で数えることにします。また、ずれはプラスマイナス両側に出るので、ずれの大きさを2乗して数えることにします。2乗するのは、データのばらつきを分散で数えるのと同じ発想で、小さなずれは多く、極端に大きなずれは少ないだろうという前提で便宜を図ったものです。

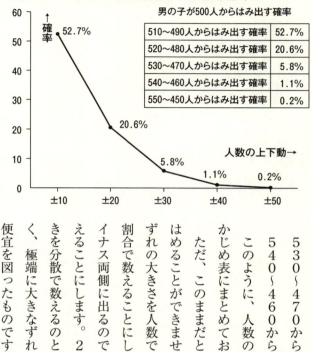

図表5-2　自由度1のカイ二乗分布

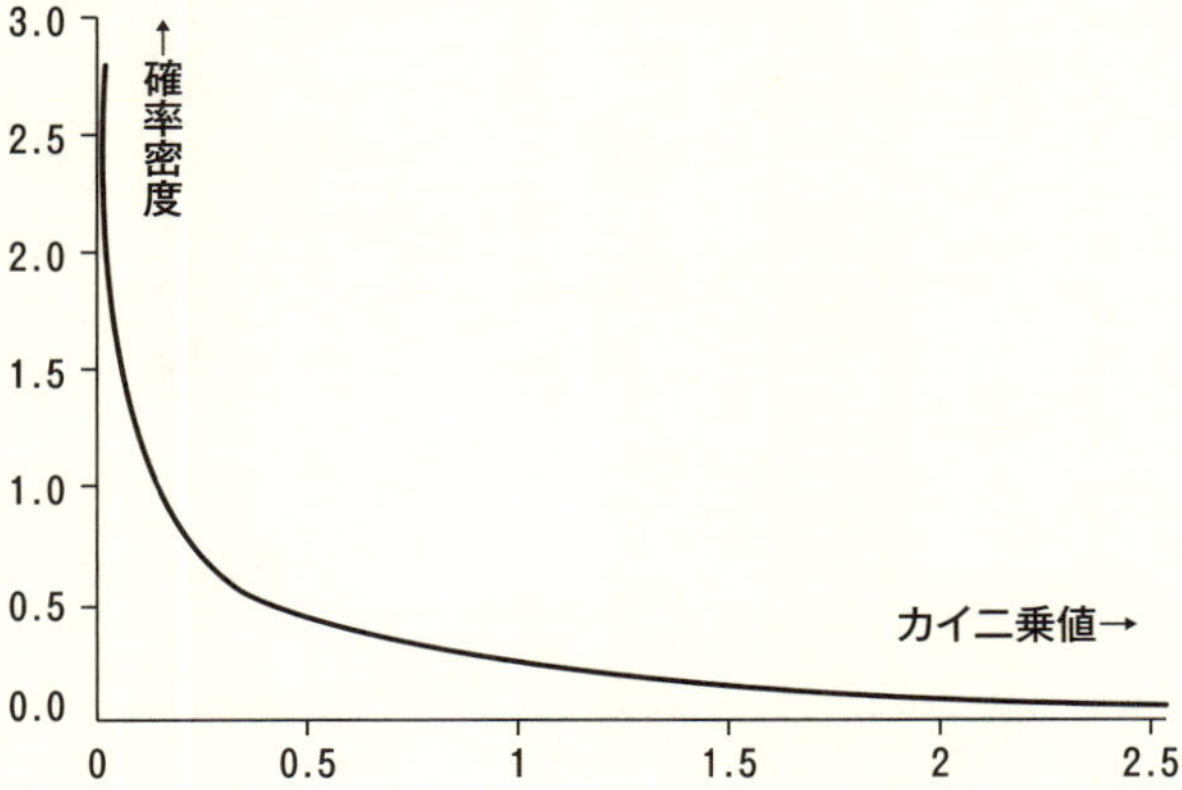

こうして数え上げたずれの大きさのことを**「カイ二乗値」**と言います。ずれの大きさをカイ二乗値で数えておけば、データの数によらずいつでも同じ確率の表が使えます。

この、いつでも使える確率の表が「自由度1のカイ二乗分布表」です（図表5－2。「自由度」については、後ほど説明します）。

カイ二乗分布による検定は、次のステップに従います。

（STEP1）人数など実際のデータからカイ二乗値を求める。

（STEP2）カイ二乗値に相当する確率を表から引く。

（STEP3）得られた確率の値をもって、有意差の有無を判断する。

（STEP1）カイ二乗値の算出

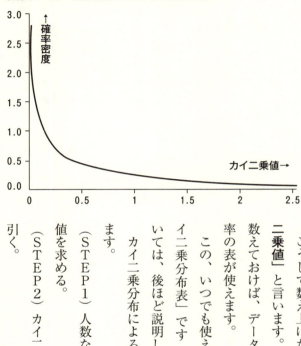

データのずれの2乗を計算し、合計します。データのずれとは、本来なるはずの値と、実際に測った値との差のことです。本来なるはずの値のことを「**期待度数**」と言います（**期待値、理論値**などとも言います）。赤ちゃんの場合、期待度数はちょうど半分の500人です。実際に測った値のことを「**観測度数**」と言います（**観測値、実測値**などとも言います）。赤ちゃんの場合、観測度数は男の子540人、女の子460人です。

データのずれは、

男の子：　540－500＝40

女の子：　460－500＝－40

データのずれの2乗の、期待度数に対する割合は、

男の子：40×40÷500＝3.2

女の子：－40×－40÷500＝3.2

求めるカイ二乗値は、

3.2+3.2＝6.4

（STEP2）p値の算出

カイ二乗値＝6.4に対する確率を「自由度1のカイ二乗分布表」から引いてきます。詳細は

後述しますが、パソコンのエクセルでは、『＝CHISQ.DIST.RT（6.4,1）』として求めることができます。（Excel2007以前では、『＝CHIDIST（6.4,1）』です）。結果、0.0114というp値が得られます。

図表5-3 2週間の来客数

2週間の来客数

	雨		雨	雨						雨	雨		雨		
	月	火	水	木	金	土	日	月	火	水	木	金	土	日	合計:
10:00	55	56	56	67	62	69	75	61	49	60	63	64	67	72	876
13:00	72	67	78	92	79	71	94	80	82	81	75	78	82	88	1119
16:00	100	112	104	105	132	133	142	129	123	106	98	123	112	137	1656
19:00	107	104	96	97	99	114	117	104	99	106	94	89	102	115	1443
合計:	334	339	334	361	372	387	428	374	353	353	330	354	363	412	5094

（STEP3）有意差の有無を判断

p値＝0.0114、つまりこの状況が起こる確率1・14％です。この数字を基に有意差の有無を判断します。有意水準5％という基準の下では、有意差がある、男の子が多い何らかの理由があるのだろうと判断します。

集計表でのカイ二乗検定

カイ二乗検定の考え方は、もっと複雑なデータにも当てはめることができます。ここで、マンガ中で千尋さんが直面したデータを見てみましょう（図表5－3）。

ここから何らかのヒントが読み取れるでしょうか？　実際のデータを目の前にしたとき、分析は次のサイクルで進めます。

1．仮説を立てる。
2．検定する。
3．満足のゆく答が見つかるまで、仮説↓検定↓仮説↓検定を繰り返す。

※STEP1．仮説を立てる

仮説とは、答になるかもしれない候補のことです。たとえば、
・来客数と、近くの店の特売が関係しているのではないか？
・新しいデザインの発表日ではないか？
・特別素敵な店員がいるのではないか？
・特定の曜日に来客が集中するのではないか？
・晴れた日の夕方に人が集まるのではないか？
などは全て仮説です。

統計的仮説検定では、これらの仮説を**「帰無仮説」**と**「対立仮説」**という形に整理します。
「帰無仮説」とは、有意差がなかったとしたらどうなるかを述べた仮説です。「天気によって時

間帯ごとの来客数に違いがある」ことを確かめたかったなら、帰無仮説は『天気によって時間帯ごとの来客数に違いがない』となります。「対立仮説」とは、有意差があったとしたらどうなるかを述べた仮説です。この場合、対立仮説は『天気によって時間帯ごとの来客数に違いがある』となります。

図表5-4　天気、時間帯の集計表　観測度数

時間帯	晴	雨	合計
10:00	508	368	876
13:00	639	480	1119
16:00	1031	625	1656
19:00	841	602	1443
合計:	3019	2075	5094

晴れの夕方が多いように見えるが本当だろうか?

確かめたいこと「来客数に有意差がある」

帰無仮説：「来客数に違いがない」←有意差がなかったとき、どうなるかを述べる。

対立仮説：「来客数に違いがある」←有意差があったとき、どうなるかを述べる。

確かめたいことを対立仮説に持ってくるのがセオリーです。

帰無仮説とは読んで字のごとく、無に帰す運命にある仮説である、と覚えておくとよいでしょう。

※STEP2．検定する

仮説に従って、データを集計表にまとめます。「天気によって時間帯ごとの来客数に有意差がある」ことを確かめたかったなら、図表５－４のような集計表を用意します。

ここで検定したいのは、データのずれの大きさです。ずれの大きさには、実際に測った「観測度数」だけでなく、本来なるはずの「期待度数」を知る必要があります。期待度数とは、有意差が全くなかったときのフラットな状況を意味します。

先の赤ちゃんの例では、男女の間に有意差のない５００人が期待度数でした。今の場合、晴と雨について、どの時間帯にも同じように来客があるのが有意差がない状況です。もし晴れの日の来客数が３０００人、雨の日が２０００人だったとしたら、10時の来客数も３：２、13時の来客数も３：２、16時も、19時も全て３：２に均等に分かれているのが、最も差が小さい状況です。

この考え方で数え上げた期待度数は、図表５－５のようになります。

図表5-5　天気、時間帯の集計表　期待度数

時間帯	晴	雨	合計
10:00	519.2	356.8	876
13:00	663.2	455.8	1119
16:00	981.4	674.6	1656
19:00	855.2	587.8	1443
合計:	3019	2075	5094

たとえば10:00の雨は、
876×(2075÷5094)＝356.8
合計から個々の値を計算する

晴と雨の来客数は正確には３０１９：２０７５なので、たとえ

図表5-6　天気、時間帯の集計表 データのずれの大きさ

時間帯	晴	雨
10:00	=(508-519.2)^2 / 519.2	=(368-356.8)^2 / 356.8
13:00	=(639-663.2)^2 / 663.2	=(480-455.8)^2 / 455.8
16:00	=(1031-981.4)^2 / 981.4	=(625-674.6)^2 / 674.6
19:00	=(841-855.2)^2 / 855.2	=(602-587.8)^2 / 587.8

これら8つの計算の合計
カイ二乗値=9.5

ば時間帯10：00の期待度数は、次のように計算します。

10：00の来客数合計：508＋368＝876
全来客数：3019＋2075＝5094
10：00の晴の期待度数：（10：00の来客数合計）×（晴の来客数の割合）＝876×（3019／5094）＝519.2
10：00の雨の期待度数：（10：00の来客数合計）×（雨の来客数の割合）＝876×（2075／5094）＝356.8

こうしてつくった期待度数の表を、実際に測った観測度数の表から差し引くことで、データのずれの大きさが分かります（図表5－6）。

この表にある8個の数字を、全て2乗して足し合わせたものが、表全体としてのずれの大きさを表すカイ二乗値＝9・5です。

カイ二乗値＝9.5に対する確率を調べるわけですが、今の場合は「自由度3のカイ二乗分布表」から答を探します。「**自由度**」とは、実質的に扱っている項目の数のことで、集計表の縦横の大きさから決まる数字です。

公式としては、

（自由度）＝（表の縦の項目数－1）×（表の横の項目数－1）

この場合、表の縦の項目数は4個、表の横の項目数は2個なので、

（自由度）＝（4－1）×（2－1）＝3となります。

自由度の意味については後で説明することにして、まずは検定を進めましょう。

パソコンのエクセルで、『＝CHISQ.DIST.RT（9.5,3）』とすると、知りたかった確率0.023（2・3％）が得られます。もし晴と雨で違いがなかったとすると、現実にここまで来客数にずれが生じる確率は2・3％。有意水準5％という基準からすると、2・3％はたまたま偶然起こったとは考えにくい。従って、晴と雨で時間帯ごとの来客数が異なる、何らかの理由があるものと考えられます。

この結論を、統計の用語で言い直すと、次のような表現となります。

帰無仮説「晴と雨で時間帯ごとの来客数に違いがない」は、有意水準5％で棄却されて、対立仮説「晴と雨で時間帯ごとの来客数に違いがある」が採択される。

自由度とは何か

さて、カイ二乗分布に出てきた「自由度」とは何なのでしょうか。

最も単純な赤ちゃんの例では、自由度は1でした。赤ちゃんの例では、男の子の数と女の子の数、2つのデータを扱いました。

この2つのデータには、男の子が増えれば女の子が減るという明らかな関係があります。合計が1000人なのですから、男の子の数が分かれば、女の子の数は自ずと分かります。つまりこのデータから読み取れる数字は、実質的に1個なのです。自由度とは、この実質的に扱っているデータ項目数のことです。

同じことを図表5－4の天気、時間帯の集計表で考えてみましょう。

集計表には2×4＝8個のデータが記載されていますが、同時に、横の合計値が4個、縦の合計値が2個記載されています。合計値がわかっていれば、もう一方の値も分かるので、自由度は、

（表の縦の項目数4－1）×（表の横の項目数2－1）＝自由度3

となります。

事象の起こる確率は、問題が扱っている項目の数によって変わります。よって項目数ごとに、それぞれ別のカイ二乗分布表が用意されています。それが「自由度○○のカイ二乗分布」とい

うことだったのです。

適合度と独立性

さて、次は曜日という切り口で調べてみましょう。

来客数のデータを見ると、ぱっと見で土日が多いことに気付きます（図表５－７）。そこで『曜日ごとの来客数に違いがない』という帰無仮説を立ててカイ二乗値検定を行うと、ｐ値＝０・04％という小さな値となり、確かに「来客数に違いがある」という結果になります。

　さらに『曜日によって時間帯ごとの来客数に違いがない』という帰無仮説を立ててカイ二乗値検定を行うと、ｐ値＝70・５％という大きな値となり、今度は「来客数に違いがあるとは言えない」という結果になります（図表５－８）。

　同じデータでありながら、なぜ正反対

図表5-7　単純な曜日ごとの集計

曜日ごとの集計

	月	火	水	木	金	土	日	合計
観測度数（人）	708	692	687	691	726	750	840	5094

カイ二乗値＝ 24.43　　p値＝ 0.0004

図表5-8　時間帯の入った曜日ごとの集計

時間帯×曜日ごとの集計

時間帯	月	火	水	木	金	土	日	合計:
10:00	116	105	116	130	126	136	147	876
13:00	152	149	159	167	157	153	182	1119
16:00	229	235	210	203	255	245	279	1656
19:00	211	203	202	191	188	216	232	1443
合計	708	692	687	691	726	750	840	5094

カイ二乗値＝ 14.36　　p値＝ 0.705

図表5-9　曜日別の棒グラフを表示

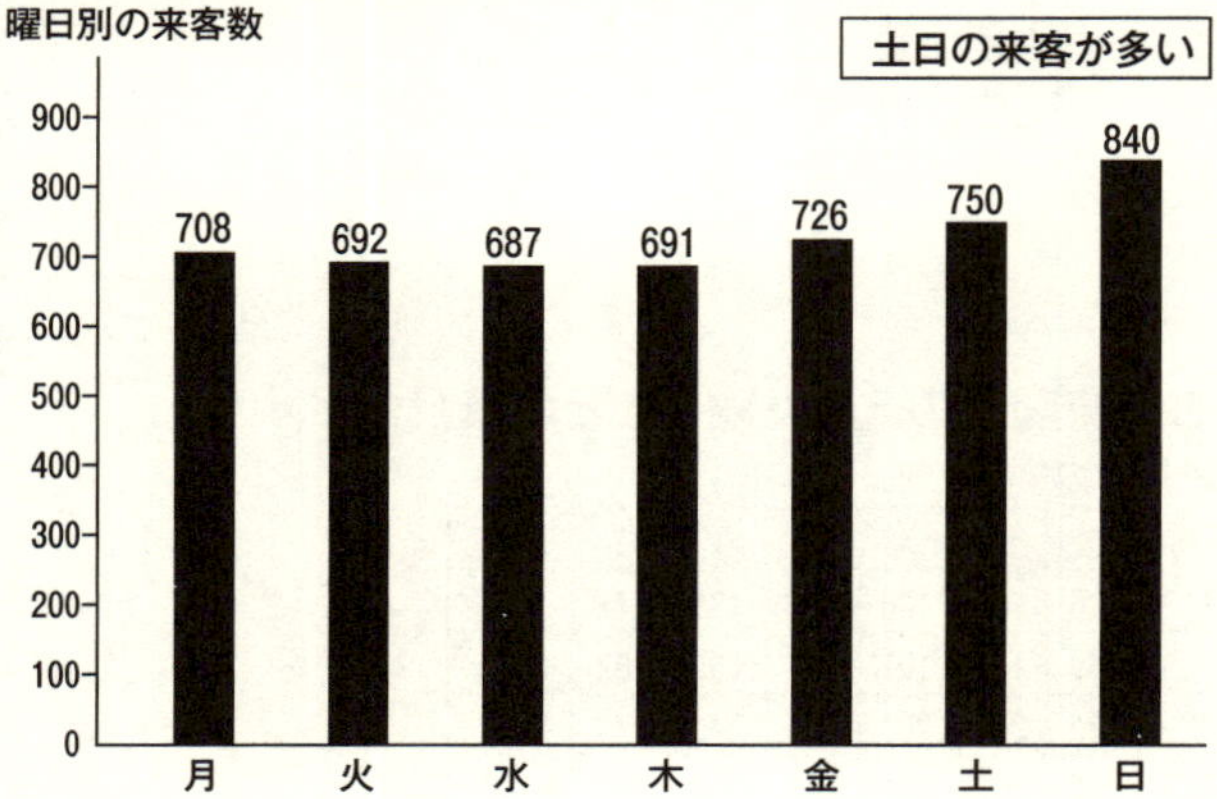

図表5-10　曜日別の時間帯グラフを重ねて表示

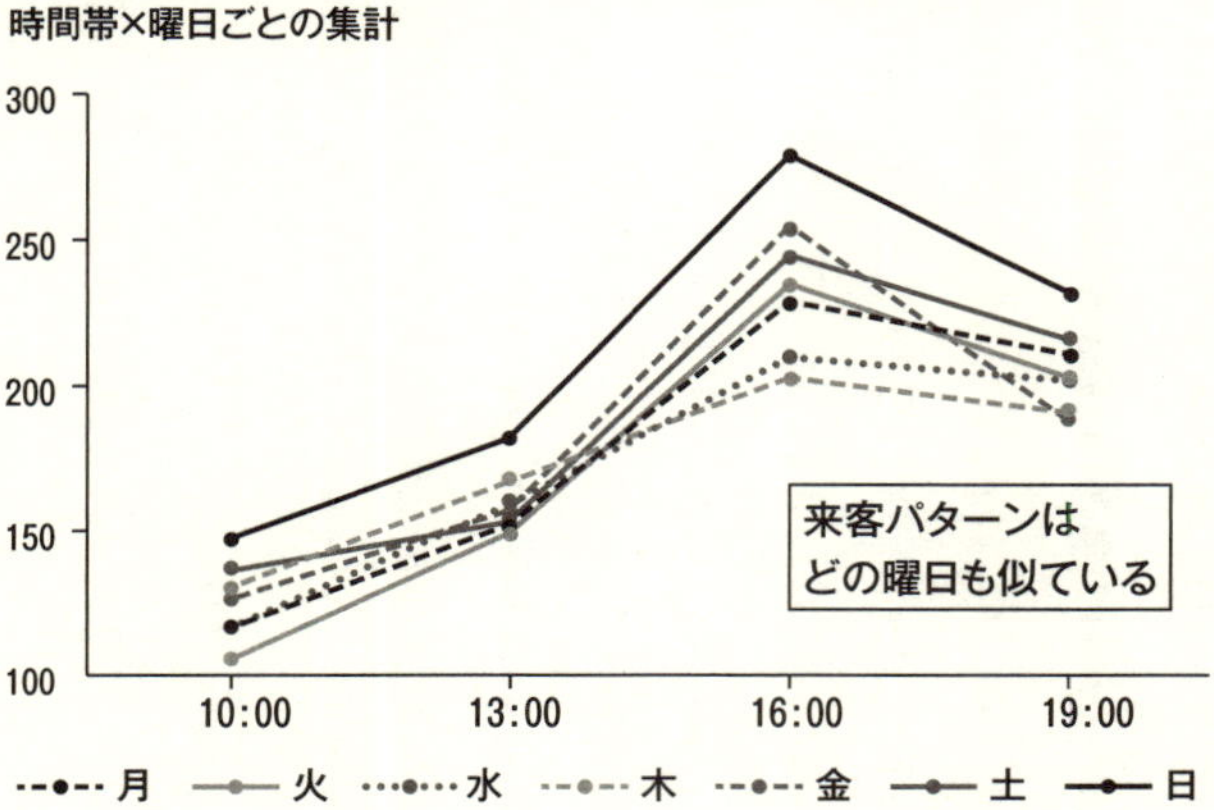

の結果になるのでしょうか。実はこの2つでは、問題点が全く異なっているのです。前者の、単純な曜日ごとの来客数の場合、問題にしているのは「曜日ごとの来客数が異なっているかどうか」です。後者の、曜日と時間帯の両方の場合、問題にしているのは「時間帯ごとの来客パターンが異なっているかどうか」です。

前者の結果は、直感通り土日の来客数が多いことの裏付けです（図表5－9）。

後者の結果は、どの曜日であっても、1日のうちの来客の変化の様子は似ていることを意味します（図表5－10）。

どの曜日であっても、10：00から16：00に向かって来客数が増え、19：00にはまた少し減る、という同じパターンになっています。後者で比べていたのは、曜日ごとの来客数そのものではなく、曜日ごとの来客パターンだったのです。

カイ二乗値検定とは、データのずれの大きさについての検定です。ただ、たとえ計算方法が同じであっても、何のずれを問題とするかによって呼び名が変わります。

前者のように、値そのものを問題としている場合には**「適合度のカイ二乗検定」**と言います。一連のデータが、期待度数の数字に合っているかどうか（適合するかどうか）の検定です。

後者のように、パターンの違いを問題とする場合には**「独立性のカイ二乗検定」**と呼びます。集計表のデータが、お互い似たようなパターンであるかどうか（独立かどうか）の検定です。

先に行った「天気と時間帯」の検定は「独立性のカイ二乗検定」です。つまり、晴と雨とで

図表5-11　晴と雨の来客数

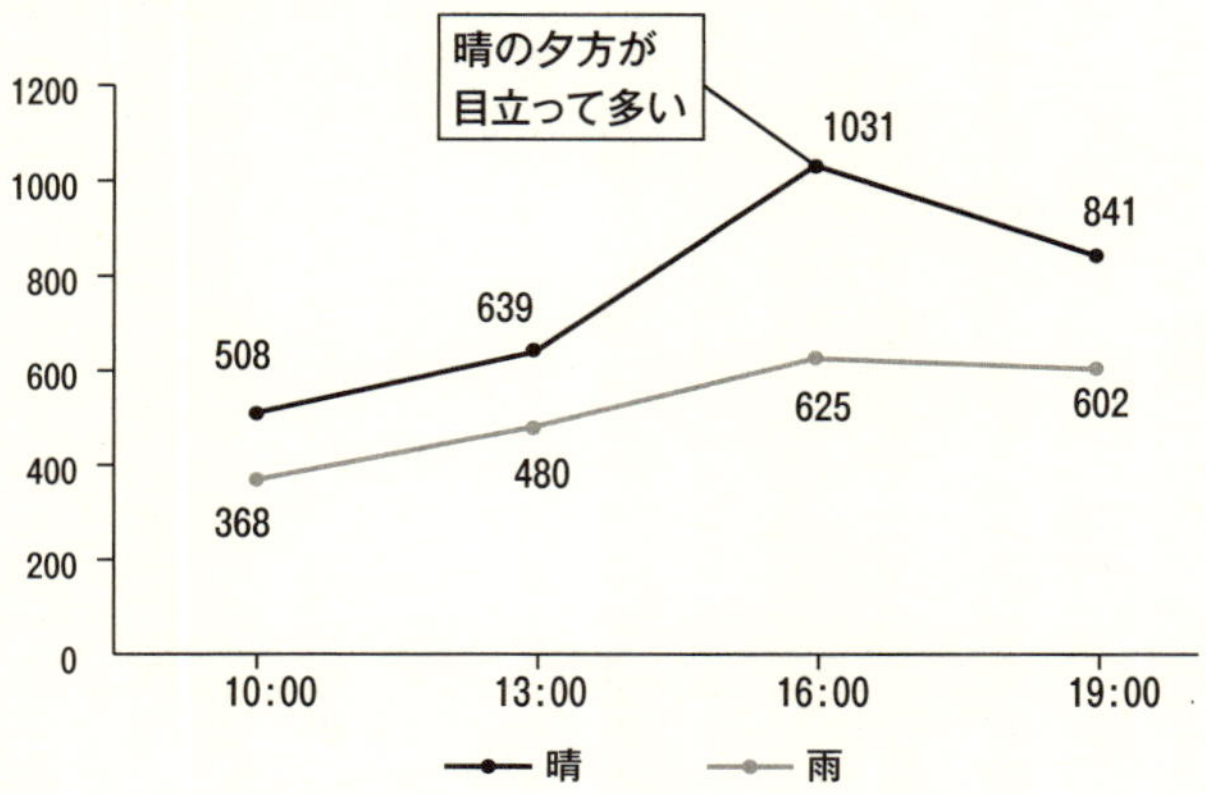

図表5-12　天気について適合度の検定

	晴	雨	合計
日数	8	6	14
観測度数（人）	3019	2075	5094
期待度数（人）	2911	2183	5094

カイ二乗値＝ 9.375　　　p値＝ 0.002

来客パターンが異なるかどうかを調べていたわけです。

図表5－11を見ると晴の日の夕方の来客数が突出していることがわかります。これがビジネス上の発見だったわけです。

時間帯を考慮せず、天気だけについて「適合度のカイ二乗検定」を行うと、p値＝0・2％、はっきり有意差があるという結果になります（図表5－12）。

これは「晴の方が雨よりも来客数が多い」という当然の事実を裏付けた結果であって、独立性の検定とは意味が異なります。

仮説検定の〝あるある〟誤解

ここまで見てきたように、統計的仮説検定ではいったん立てた帰無仮説を棄却することで、対立仮説を採択するという手順を踏みます。なぜ、このようにまどろっこしい手順を踏むのでしょうか。その理由は、「有意差があることは立証できるが、有意差がないことは立証できない」という事情にあります。

検定の結果、有意差が見出せなかったというのは、差がないことの証明にはなりません。たとえ今手元にあるデータで有意差がなかったとしても、サンプルサイズをうんと大きくすれば、いずれ差が出るかもしれないからです。有意差なしは、「ここまで調べたところ差が見つからなかったので保留にしましょう」という結果なのです。

例として、男女の出生数を取り上げます。

平成28年10月~29年9月の全国出生児数は、男の子48万5841人、女の子46万2725人。比率に直すと51%と49%です。たった1%程度なのだから、これは偶然でしょうか。

カイ二乗検定を行うと、p値はほとんど0となり（1.6×10^{-124}）、はっきり男の子が多いのだとわかります。

では割合を全く同じにして、男の子48人と女の子46人だったならどうなるか。
この場合p値＝75・8％となり、有意な差は認められません。

人数を10倍ずつにしたp値は図表5－13の通りです。

国レベルの統計で見れば、男の子の方が女の子よりわずかに（しかし確実に）多いと言えます。しかしその事実は、10人、100人程度の集団にとって、ほとんど意味を持ちません。1000人程度の集団になって、初めてちょっとした意味を持ちます。それが1万人程度までになれば、はっきりとした意味を持ちます。**「有意」**とは、その大きさの集団にとって意味がある、ということだったのです。

以下に、検定の誤解〝あるある〟を3つ挙げます。

誤解1．有意差が無かったので、同じであることが立証された。
「実際に調べた程度の大きさの集団では実質的な差が見出せなかった」というのが正しい認識です。本当に同じかどうかは、統計的仮説検定という方法だけでは永久にわかりません。

誤解2．サンプルサイズが極端に大きな有意差。

たとえ表裏が半々に出るコインであっても、1億回、10億回と投げ続ければ、コインのほんのわずかの歪《ゆが》みや模様の違いがいつかは結果に表れるはずです。「10億回試して有意差があった」という結果はむしろ、そこまでしなければ有意差がなかったのだと読むべきでしょう。

誤解3．p値（確率）がうんと小さければ、それだけ大きな差が付いている。

p値と、実際の差の大きさの間に直接の関係はありません。全国統計における男女出生児数のp値は決定的（ほとんど0）でしたが、実際の男女の違いはわずか1％程度です。

図表5-13　集団の大きさと検定結果

男の子の数	女の子の数	p値（確率）	
48	46	83.7%	差があるかどうか分からない。
485	462	45.5%	差があるかどうか分からない。
4858	4627	1.8%	有意水準5%なら差がある、1%なら差は認められない。
4万8584	4万6272	ほとんど0%	(6.1×10^-14) ほぼ確実に差がある。

検定結果の読み方はかなりデリケートですが、よくわからなかったらこの〝3つの誤解〟をチェックしてみてください。3つともOKであれば、大きな勘違いはしていないはずです。

カイ二乗分布の正体

ここまで確率の計算は全て「カイ二乗分布表」から引いてきたのですが、このカイ二乗分布表は、いったいどうやってつくられたのでしょうか。カイ二乗分布表は、計算の上では正規分布からつくり出されます。正規分布の偏差を2乗したものが、自由度1のカイ二乗分布です。

正規分布を2乗した結果を3個足し合わせたものが、自由度3のカイ二乗分布です。正規分布を2乗した結果をN個足し合わせたものが、自由度Nのカイ二乗分布となります。

カイ二乗分布とは、データ数（度数）のずれの大きさを表す分布です。データ数（度数）のずれは、サンプルをたくさん取れば正規分布に近づくものと考えられます。そこで正規分布の偏差（平均からの差異）を2乗して表にしたのが、自由度1のカイ二乗分布表だったというわけです。集計表のように、扱うデータの項目数が複数の場合には、実質的な項目の数だけ、正規分布を2乗した結果を足し合わせます。

その足し合わせた正規分布の数のことを自由度と呼んでいたわけです。

元になる分布がどんな形であっても、取り出したサンプルの度数のずれは正規分布に近づきます。そのためカイ二乗検定では、元のデータが必ずしも正規分布に従う必要はありません。

第6章

回帰分析

最も代表的な予測方法

ただいまぁ…
…って、ぜんっぜん使えないじゃんっ!!
わっ!
なんでだよ! 壁に映る猫を猫好きが見に来てるってわかったんだから、
もう猫の服を作ればいいいだけだろ。
あのねぇ…!
そもそもそんな簡単に新商品なんてできないの!
時間も予算もぜんぜん足らないでしょ!
企画
リサーチ
開発目標設定
資材調達
市場導入
そういうもんか…
あきれた、数字以外ほんとダメダメ。

はあぁ…
人が増えてる
理由は
わかったけど
これじゃあ…
またはじめから
売り上げアップの
方法を考える
しかないのかな…
ところで
菜々。
門限
過ぎてるわよ。
あっ、
バレた!
じっ…実はね、
これを買ってて
遅くなったの。
かわいいでしょ?
MAT-2
かわいいって…
中身
見えないし。
中身は
いいの。
このお店の
紙袋が
ほしかったん
だもん!
学校でも
すごい
流行ってるんだよ!
ふーん…
紙袋が
かわいいと
みんな持って
歩くから
宣伝効果も
あるんだよな。

まだいたの？もういいよ、一平兄ちゃん帰って。
どうせろくなアイデアも出ないんだから！
おいおい！わざわざおまえのために一時帰国してやったんだろ？
私そんなこと頼んでませんけど！
なんだよ、その言い草は！
なによ！
わかったよ、後はもう知らないからな！
勝手にしろ！
バターンッ
千尋…
ちー姉…
なによ？

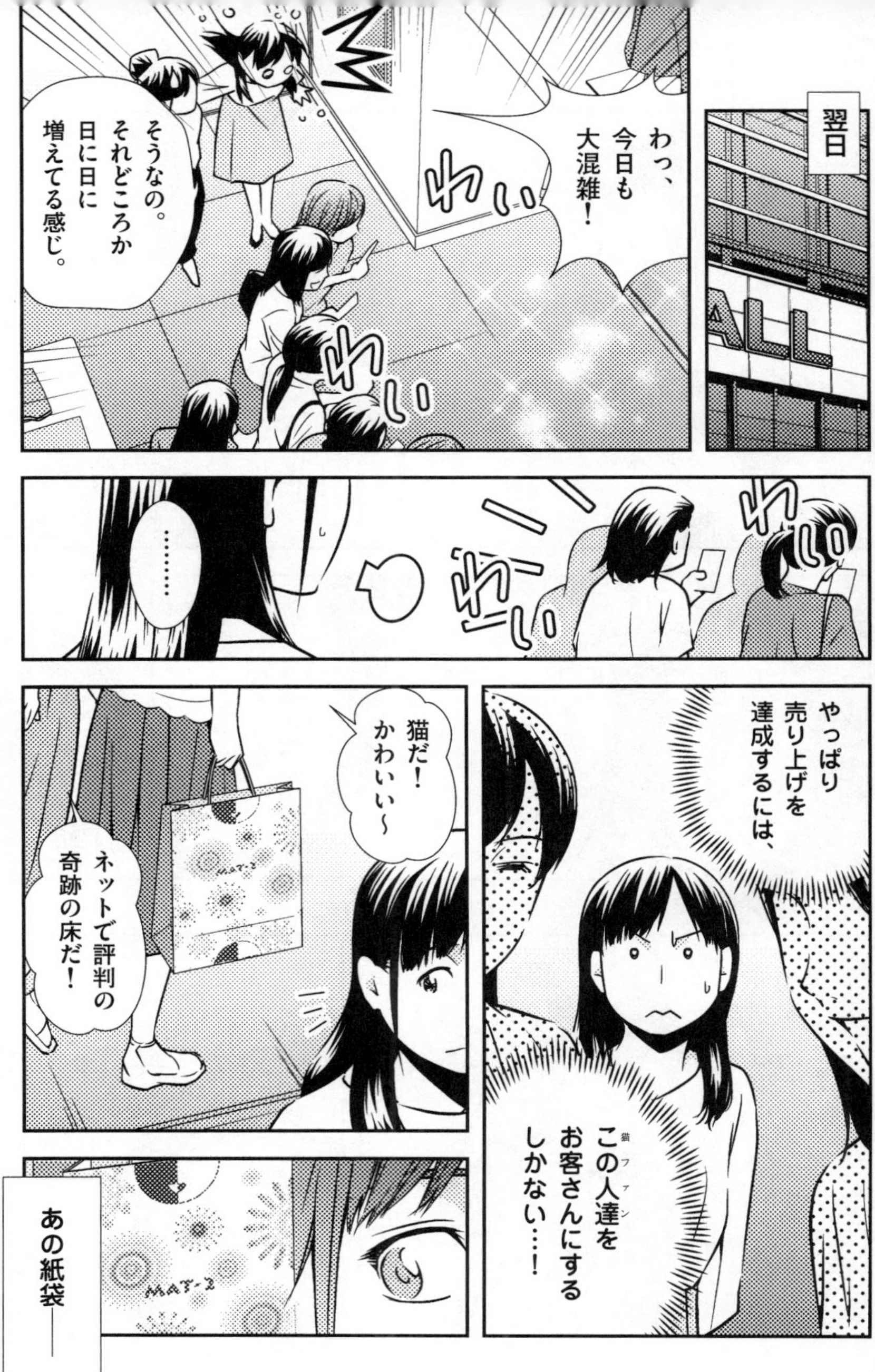
翌日
わっ、今日も大混雑！
わい
わい
そうなの。それどころか日に日に増えてる感じ。
わい
わい
……
やっぱり売り上げを達成するには、
この人達《猫ファン》をお客さんにするしかない…！
猫だ！かわいい～
ネットで評判の奇跡の床だ！
あの紙袋――

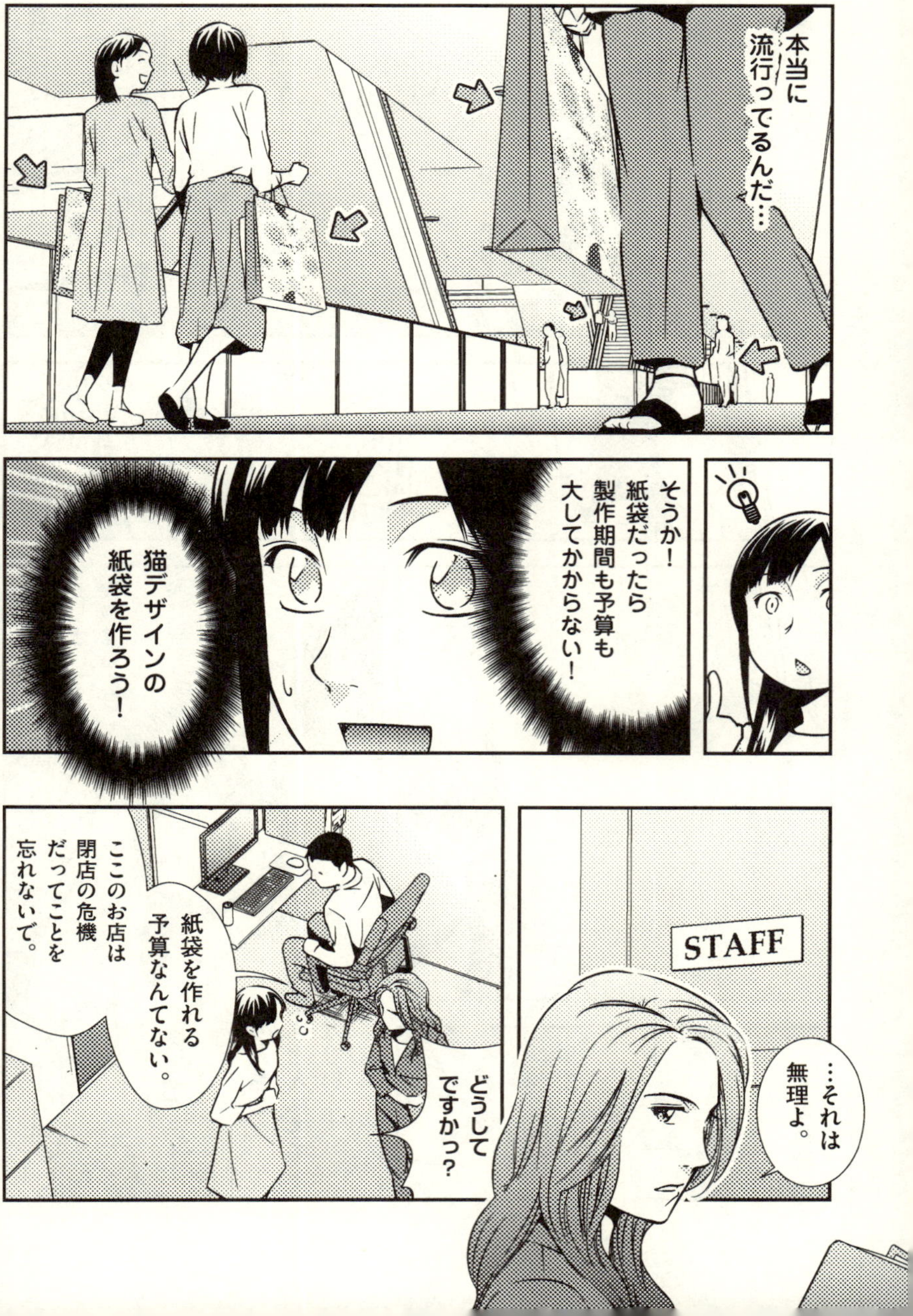
本当に流行ってるんだ…
そうか！紙袋だったら製作期間も予算も大してかからない！
猫デザインの紙袋を作ろう！
STAFF
…それは無理よ。
どうしてですかっ？
紙袋を作れる予算なんてない。
ここのお店は閉店の危機だってことを忘れないで。

次のバーゲンにかける予算の一部からなんとか捻出して…
それも無理。
予算はこれまでの統計データから算出され最適化されたものなの。
ましてそんな突飛な案のために削れるわけないでしょ。
でも…もうこれで最後なんです…！
このまま諦めるなんていやです！
この店を救うにはもうあの奇跡の壁に賭けるしかないんです！
店長、二階堂さんに店舗のデータを見せてあげてください。
えっ、いいんですか？

二階堂さん、その紙袋を作るための予算をあなた自身の手で算出してみて。
私を納得させることができたらその分は好きに使っていいわ。
私が…？
正直、はじめは新人のあなたにいろいろ任せるのは不安だったけど、
今はあなたならどうにかしてくれるような気がするわ。
やれるだけやってみなさい。
ば…万丈さん！
ありがとうございます！
TITLE OF OURS

…で、どうするのよ？
一平ちゃん抜きで予算の分析なんてできるとは思えないけど？
そうだよ、散々一平兄ちゃんにお世話になっといてあんなひどいこと言うなんて。
……
自分でもよくわかんない…
もう最後だって焦ってるのかな…わかんない…
千尋
もっと素直になったら？
……

ヘイ一平。
え…？
千尋？
なんでここに…

本当にごめんなさい…
いいさ、千尋が必死なのは知ってるし…
わざわざ俺に会うために海外にまで来てくれたんだしな。
かっ、海外ってここ台湾じゃない！
てっきりアメリカとかかと…
ぱたぱた
そっちが勝手に勘違いしてただけだろ！
…とにかく、店の売り上げデータを自由に見られるようになったのはすごいな。
それならかなり細かい対策が打てる。
じゃあさっそくデータを見せてくれ！
わかった！
あっ…
…どうした？

よ…
よく考えたら、
データは
社内ネットワーク
にあるから
ここじゃ
見られなかった…
なんだってぇー!!
どうするんだ!
俺はもう
日本に戻るヒマ
なんてないぞ!
どっ…
どうしよう~!
…もういい、
仕方ない。
これから
おまえに
回帰分析を
教えてやる!
回帰分析?
それで…
どうするの?
日本に戻って
おまえひとりで
突破口を
見つけるんだよ!
え!?

TITL
あれ、二階堂さん。今日は休みだったんじゃ？
事情が変わって戻ってきました。
店長、データ見てもいいですよね。
…え？　うん、もちろん。
………
回帰分析
回帰分析とはわかりやすく言えば、
2つ以上の変数の関係を導き出すもの…
実際に得られたデータにフィットする中心の線をひくものだ。

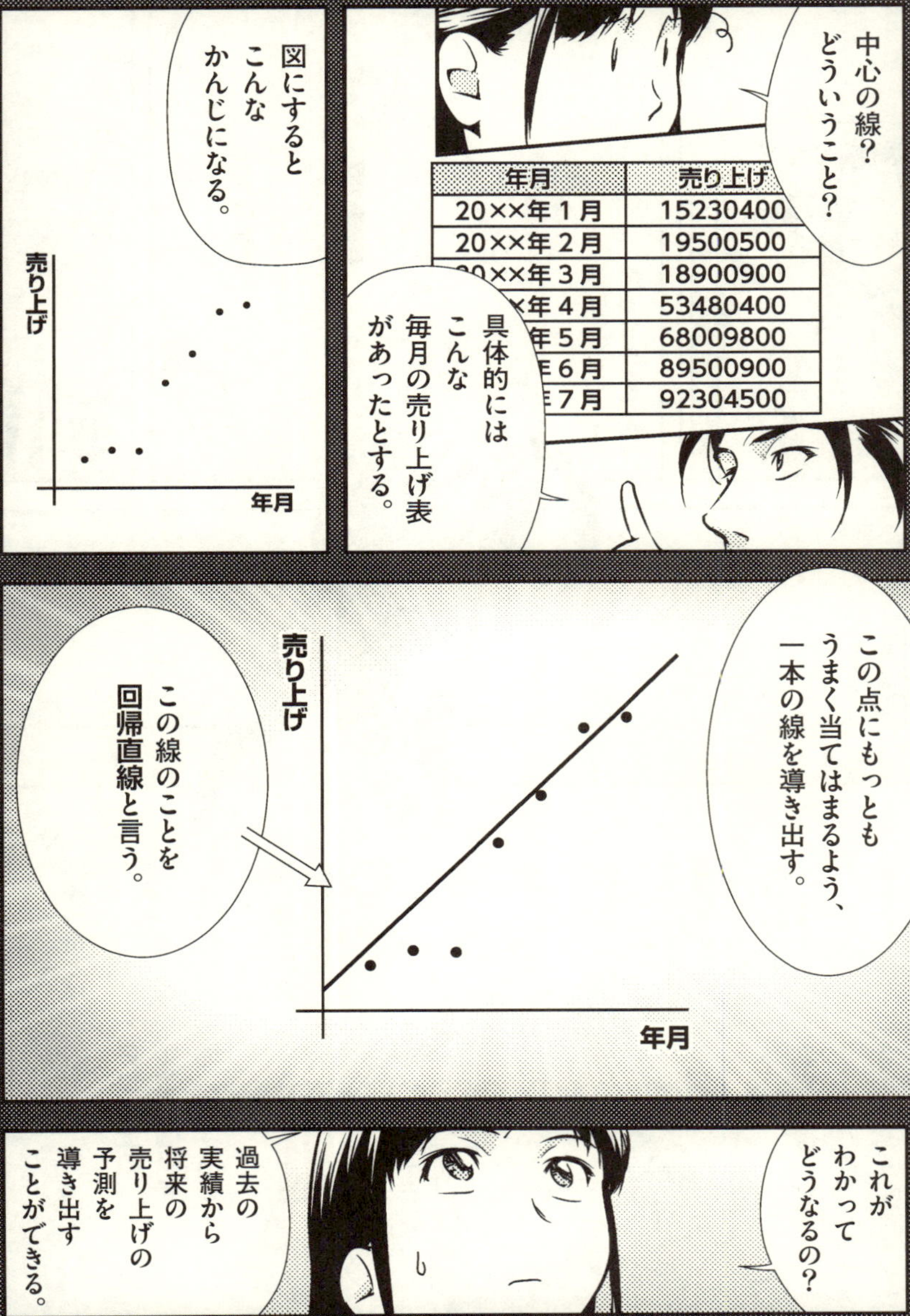
中心の線？どういうこと？
年月 売り上げ
20××年１月 15230400
20××年２月 19500500
20××年３月 18900900
年４月 53480400
年５月 68009800
年６月 89500900
年７月 92304500
具体的にはこんな毎月の売り上げ表があったとする。
図にするとこんなかんじになる。
売り上げ
年月
この点にもっともうまく当てはまるよう、一本の線を導き出す。
この線のことを回帰直線と言う。
売り上げ
年月
これがわかってどうなるの？
過去の実績から将来の売り上げの予測を導き出すことができる。

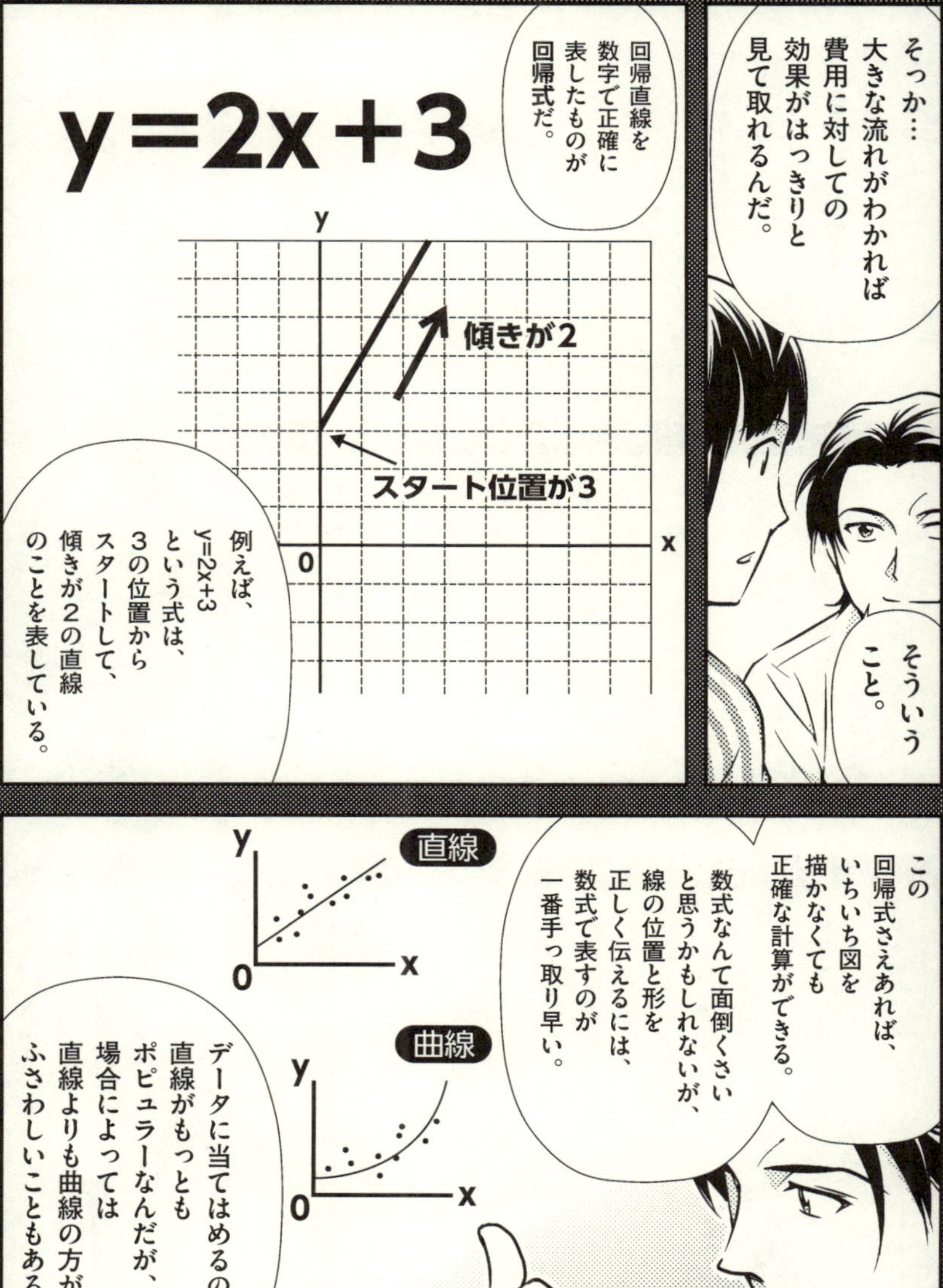

そっか…大きな流れがわかれば費用に対しての効果がはっきりと見て取れるんだ。
そういうこと。
回帰直線を数字で正確に表したものが回帰式だ。
y=2x+3
y
傾きが2
スタート位置が3
x
0
例えば、y=2x+3という式は、3の位置からスタートして、傾きが2の直線のことを表している。
この回帰式さえあれば、いちいち図を描かなくても正確な計算ができる。
数式なんて面倒くさいと思うかもしれないが、線の位置と形を正しく伝えるには、数式で表すのが一番手っ取り早い。
直線
y
x
0
曲線
y
x
0
データに当てはめるのは直線がもっともポピュラーなんだが、場合によっては直線よりも曲線の方がふさわしいこともある。

ただし
パターンが
結構あるから
気を付けて。
パターン?
まずは対数。
たとえば
1杯目のビールと
2杯目のビールでは
満足度が
違うだろ。
ほかにも
指数があって、
かければかけるほど
加速度的に
増えていく人口などが
いい例かな。
あとは多項式近似、
2乗、3乗、4乗…
などの回帰式も
考えられる。
ち…
ちょっと…
複雑すぎて
使いこなせ
ないよ!
回帰分析は
難しい計算
しなくても、
これもエクセルで
一発で表示
できるから!
でも……

弱音を吐くな。
これを逃したらもう店を救うチャンスはないぞ！
……
広告宣伝費
新聞
雑誌
DM
テレビスポット
ラジオスポット
Web
折込チラシ
ダメだ…人件費も装飾費も広告費も…削れるようなところなんてどこにもない…
どうしよう…これが本当に最後の手段だったのに……
この3か月ずっと頑張ってきたのに…
結局意味なかったの…？
どうぞ。

あ、店長…
ありがとうございます。
いや…
前田さんに買って持ってけってって言われてさ。
前田先輩が？
みんなだってこの店を守りたいんだよ。
だからってこんなことしかできないけど、
みんな二階堂さんを応援してるから…
みなさん…
じわ
あ、このチョコは中島さんから。
わあ、ちょうど甘い物がほしかったんですよ！
詰め合わせっていろんな味があるから迷いますよね～
……

詰め合わせ…
そうか！広告費もいろんな媒体の詰め合わせ！
Web
折込チラシ
新聞広告
ラジオ広告
ポスティング
フリーペーパー
Web広告
折込チラシ
ポスター
メール
ネットバナー広告
広告全体じゃなくより細かい区分で見ればどこかに無駄が…！
これだ…！
翌日
無駄な予算、見つけました！
この折込チラシです！
TITLE OF OURS

よりによって折込チラシですって？

広告には効果がわかるようそれぞれに割引クーポンを付けているけど、折込チラシはとくに使用頻度が高くて年々予算も増やしているくらいなのよ。

はい。今回も2万枚刷ることになっていますよね。

でも、そんな折込チラシの枚数と売り上げをグラフにしてみてわかったんです。

売り上げ
枚数
5000
印刷枚数に対する売り上げの伸び率が5000枚を越えたあたりからほとんど上がっていないということ…

え…

つまり！チラシを2万枚刷っても5000枚刷っても売り上げ予測はほぼ変わらないってことです。

！

だから今回
折込チラシは
5000枚に
抑えてもらって、
その差額を
紙袋作りに
回したいんです！
…どうですか？
万丈さん！

よくわかったわ、さっそく紙袋の製作にかかって！
もう時間がないわよ！
……！
はいっっ!!
TITLE OF
for the beauty of human beings
TITLE OF OURS

紙袋効果で
ノルマ達成！
晴れて
お店の存続が
決まったよ!!
本当に
よかったわね！

これで
めでたし
めでたし…
なのになんで
そんな顔を
してるの？
だぁってぇ…
一平兄ちゃんに
この喜びを
早く伝えたいのに、
忙しいのか
相変わらず
全然電話に
でないのよねぇ…
愛しい
一平ちゃんと
早くお話し
したいわねー
また会いに
行っちゃえば
いいのにー
な・な・な・な…
なに
言ってるのよっ！
あんたねぇ…

一平ちゃんのこと好きなのバレバレよ。
はぁーーーーー!!?
ちがーう
…なんだよ、ようやく帰ってきたと思ったら…
相変わらずやかましい家だな…
ゴロゴロ
素直になって恋の統計学を教えてもらいなさいよ!
うるさぁい!!

点を線にする回帰分析

回帰分析とはザックリ言えば、データにフィットする線を引く分析方法です。実際に得られるデータは数字の集まりなので、グラフに描けばいくつかの点となります。それらの点の傾向を示す最も合理的な線を引くことで、データ同士の関係を明らかにするのが回帰分析です。たとえば図表6－1のように毎月の売り上げが伸びているとき、月と売り上げの関係は、図表6－2のようなグラフになるでしょう。

図表6-1　毎月の売り上げのグラフ

月	売り上げ（千円）
1月	105.96
2月	106.32
3月	113.51
4月	114.37
5月	116.15
6月	121.39
7月	121.99
8月	126.75

図表6－2のグラフの点の間には、このような線が浮かび上がります。

ただ、エイヤッと直感で引いた線は、人によって異なるかもしれません（図表6－3）。場合によっては、上り調子なのか、横ばいなのか、下がっているのか、3人が3通りの線を引くかもしれません。

そこで直感に頼らず、計算によってもっとも合理的な線を引こうというのが回帰分析という方法です。

回帰分析とは、一方の変数から他方の変数を説明する分析です。たとえば「年月が経つほど売り上げが伸びる」といった場合、年月が先で、売り上げが後になります。逆に「売り上げが伸びたから年月が経った」とはなりません。この点は第3章で見た「相関関係」と異なる点で、相関関係には前後がありません。「会話時間が長いほど退院日数が短い」という相関関係は、逆に「退院日数が短い人ほど会話時間が長かった」とも言えます。

図表6-2　毎月の売り上げのグラフに線を引く

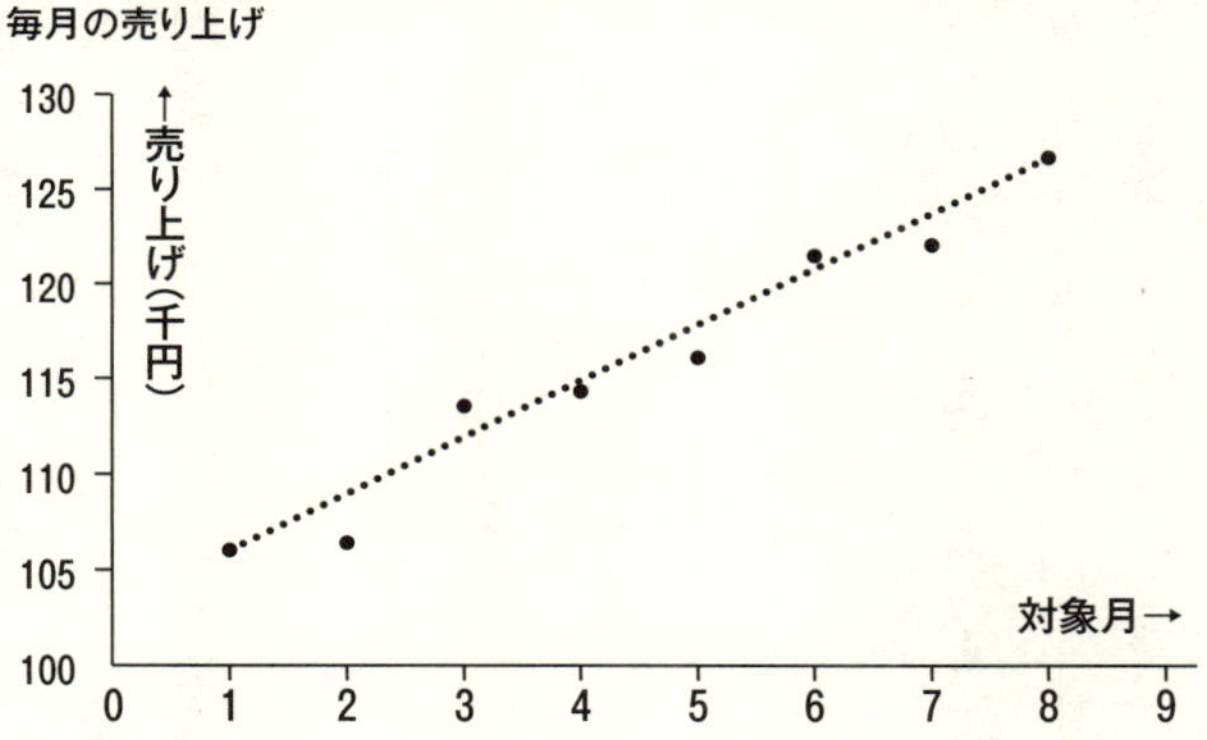

図表6-3　毎月の売り上げ、3種類の線

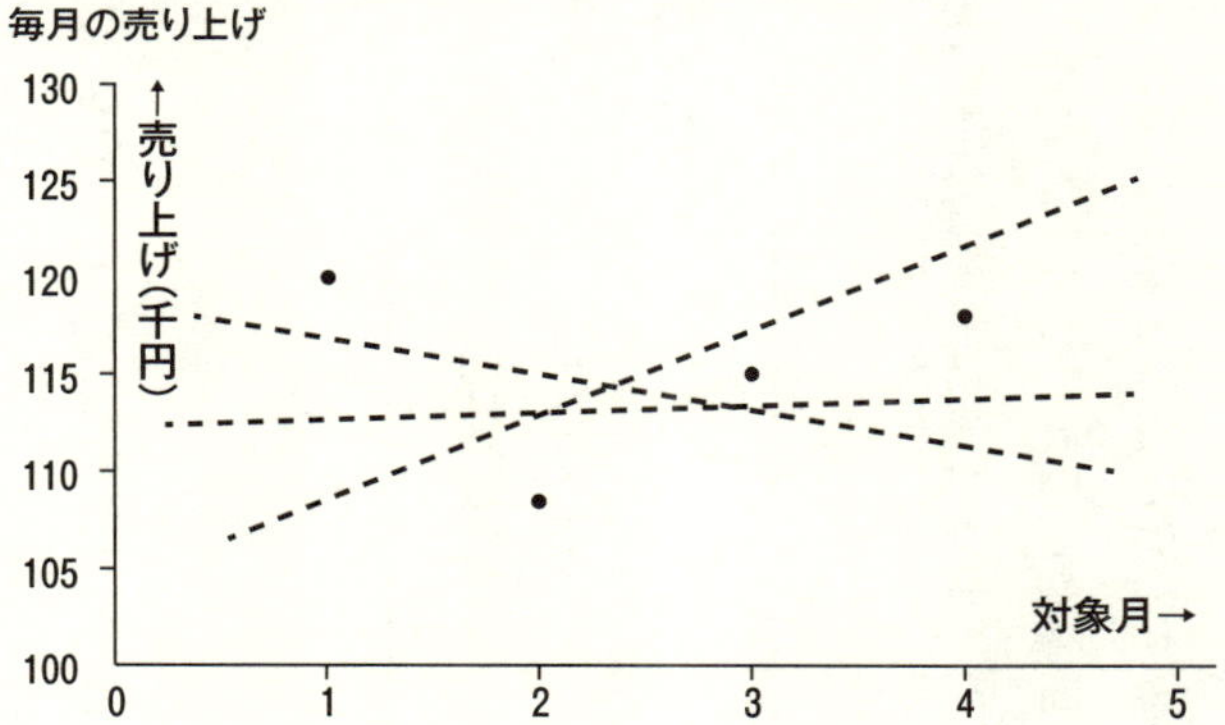

回帰分析では、先に来る説明の理由のことを「**説明変数**」と呼びます（あるい

は「**独立変数**」とも言います）。

そして、後に来る結果のことを「**目的変数**」、あるいは「**従属変数**」とも言います。〝年月〟は説明変数で、〝売り上げ〟は目的変数です。

「説明変数」　　　　　　　　　　［目的変数］

年月　　　　　→　　　　　　売り上げ

※この関係を調べるのが回帰分析です

気持ちの上では、先に来る方を「原因」、後に来る方を「結果」と言いたいところなのですが、統計用語としては「原因、結果」とは言いません。放って置いても時間が経てば勝手に売り上げが伸びるわけではないので、年月は売り上げの直接の原因ではありません。そのため、原因という言葉を避け、「説明できる」という言い方をします。

回帰分析の目的変数は1つだけですが、説明変数は複数にすることもできます。たとえば売り上げの予測には、商品価格、広告予算、店員数など、いくつもの説明変数を取り入れることができます。説明変数が1個のものを「**単回帰分析**」、複数のものを「**重回帰分析**」と言います。ただ重回帰分析は複雑なので、ここでは基本となる単回帰分析に話題を絞ります。

回帰分析のメカニズム

それでは、どうやって最も合理的な線を決めるのでしょうか。いくつかの考え方がありますが、ここでは最も代表的な「**最小2乗法**」を取り上げます。グラフの上で、1本の棒と、個々のデータの点をバネで結びます。棒から手を離せば、全部のバネができるだけ短く縮もうとして、棒はどこか1か所に落ち着くでしょう。この落ち着いた位置を、最も合理的な線だと考えるのが最小2乗法です（図表6－4）。

なぜ2乗なのかというと、バネを引っ張ったときに溜まるエネルギーが、引っ張った長さの2乗に比例するからです（引っ張れば引っ張るほど、戻そうとする力が強くなるので）。棒が落ち着く先は、全体のエネルギーが最も小さくなる場所です。このとき、個々のバネの長さを2乗した合計は最小となっています。

回帰分析では、バネは縦横自由に動けるのではなく、縦方向だけに伸びるということにします。図表6－5の左側のように、棒に対して直角になるわけではありません。なぜなら回帰分析とは、横軸にとった説明変数から、縦軸に取った目的変数を割り出すもので、縦と横との役割が違うからです（バネを縦横自由に動かせるものは「**主成分分析**」といった、別の種類の分析になります）。

個別バラバラな点の集まりは、線になって初めて1つの傾向を示します。線をそのまま延長すれば、予測することができます。売り上げだったなら、線になってはじめて、上がり、下がり、横ばい、の違いが読み取れるわけです。線をから予測を行うためには、どうしても〝線を数式で表す〟というハードルをクリアしなければなりません。

図表6-4　最小2乗法はバネで引っ張る

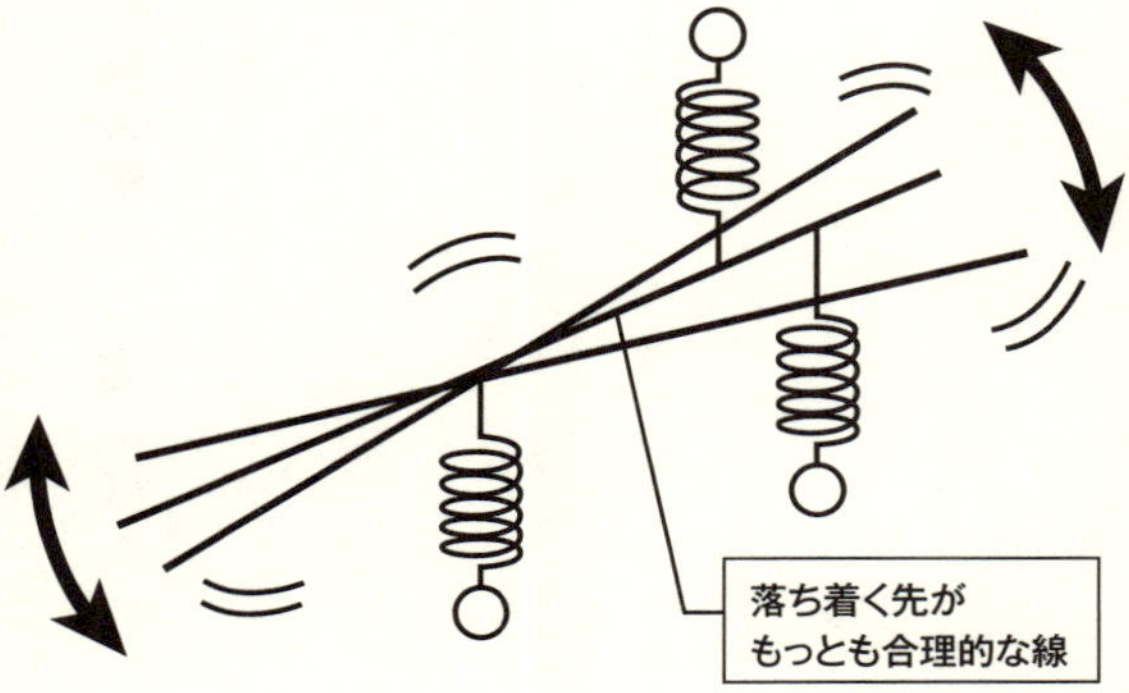

落ち着く先が
もっとも合理的な線

図表6-5　回帰分析と主成分分析の違い

時間帯×曜日ごとの集計

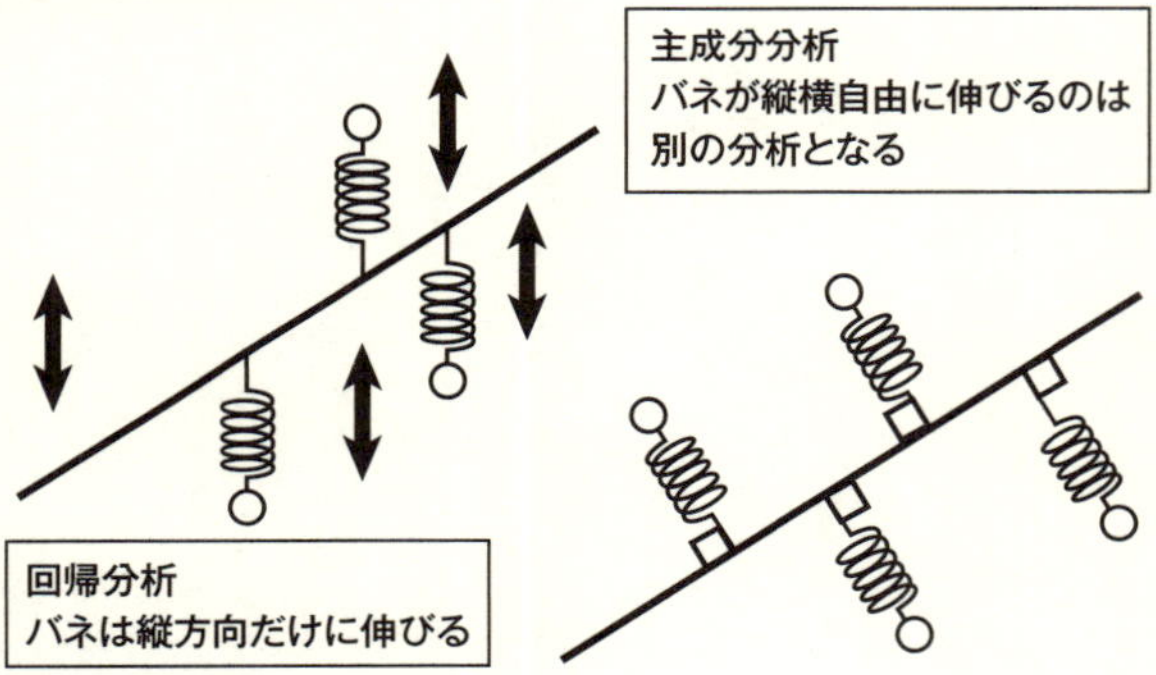

主成分分析
バネが縦横自由に伸びるのは
別の分析となる
回帰分析
バネは縦方向だけに伸びる

　グラフ上の線を表す数式を**「回帰式」**と呼びます。一番の基本にして一番よく使うのが「回帰直線」の式です。グラフ

上の直線を表すには幾つかの形式がありますが、予測のためには次の形式が役立ちます。

y＝ax＋b

（目的変数）＝（傾き）×（説明変数）＋（切片）

（売り上げ）＝（毎月の上がり下がり）×（年月）＋（基準となる当初の売り上げ）

図表6-6　回帰直線の説明

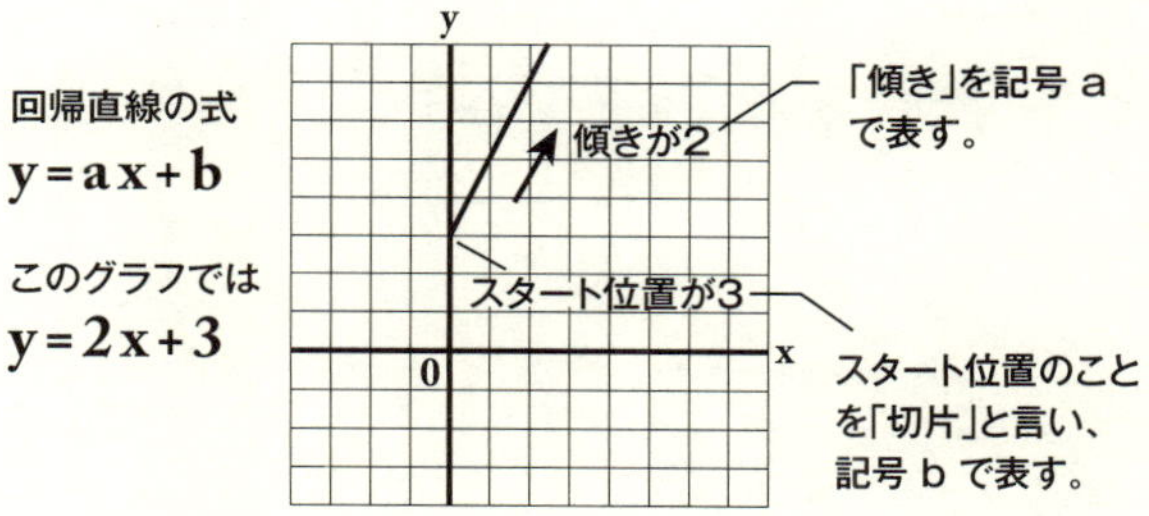

回帰式では、説明変数をx、目的変数をyという記号で表すのが慣例です。直線の位置を決めるには、〝傾き〟と〝スタート位置〟の2つの数字が必要です。回帰式の上で、傾きはaという記号で表します。スタート位置のことを**「切片《せっぺん》」**と言い、式の上ではbという記号で表します（別の記号で書かれていることもあります）。

数式を見るとひどく難しいように見えますが、実は単純な内容を書き表しただけに過ぎません。

たとえば、1月の売り上げが10万円で、その後、毎月3000円ずつ売り上げが上がっていたなら、

・切片（スタート位置）：　b＝10万円
・傾き（毎月の上がり下がり）：　a＝3000円
ということです。

図表6-7　当てはまりの悪い極端な例

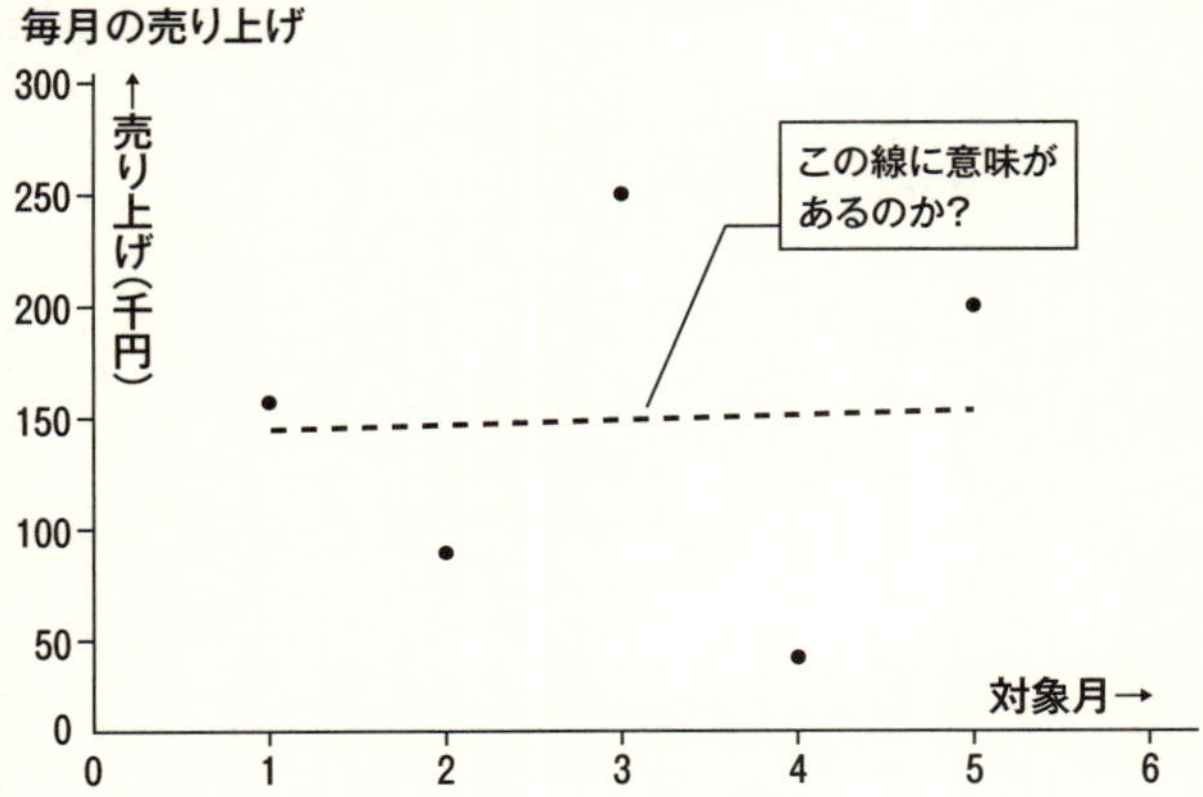

この状況で5月の売り上げを予測すれば、
（売り上げ予測）＝3000円×5か月＋10万円
＝11万5000円
となります。

当てはまりの良さ（決定係数）

もし毎月の売り上げが順調に3000円ずつ伸びていたなら、大げさな分析をしなくても結果は明らかです。しかし、もし売り上げが図表6－7のように変動していたなら、どうでしょうか。

グラフ中の線は、先のバネの考え方に基づいて機械的に引いた結果です。しかし、この無理やり引いた線に、果たしてどれほどの意味があるのでしょうか。回帰分析では、ただ1本の線を引いて終わりではなく、その線がどれくらい意味があるのかを示す必要があります。
直線による回帰分析の意味の大小を示す数字のことを「決定係数」または「寄与率」と言います。

図表6-8　決定係数を変えた場合
＝決定係数0.9、0.5、0.2の3枚のグラフで比較する

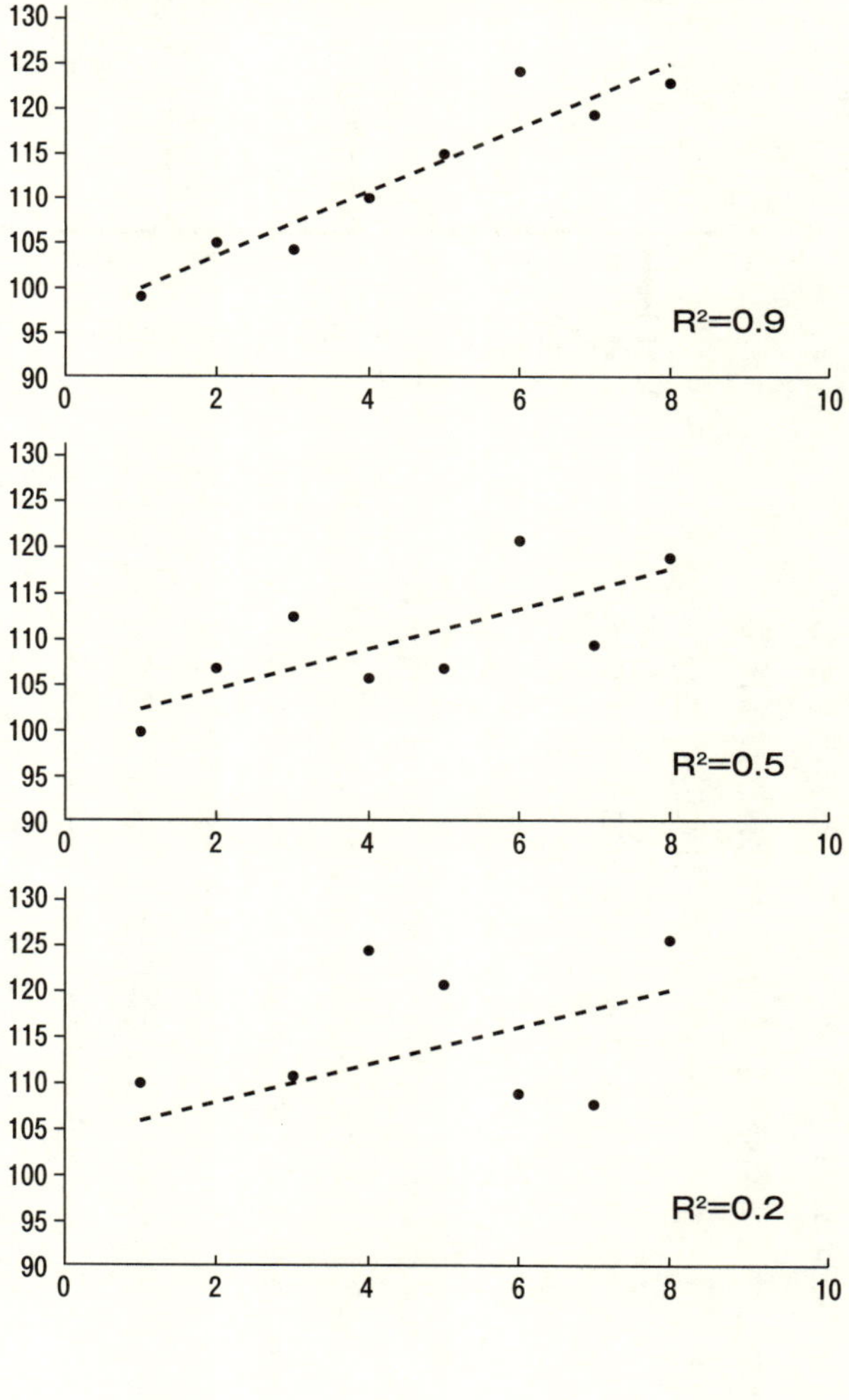

決定係数とは、「分析の予測が、どれだけ実データの変動を決定付けているかを示す比率」、あるいは「分析の予測が、どれほど実データの変動に寄与しているかを示す比率」です。

決定係数は0～1（0％～100％の範囲）の範囲の値を取り、0は予測の意味が全くない状態、1は実際のデータに完全に一致している状態です。データの当てはまり具合によって、決定係数がどのように変わるか、図表6－8で見てみましょう。

予測に意味があるかどうかの判断は、決定係数0・5以上が目安です。

決定係数とは、「データ全部の変動のうち、どれだけ予測の変動が占めているか」という比率のことです。

図表6-9　決定係数の説明図

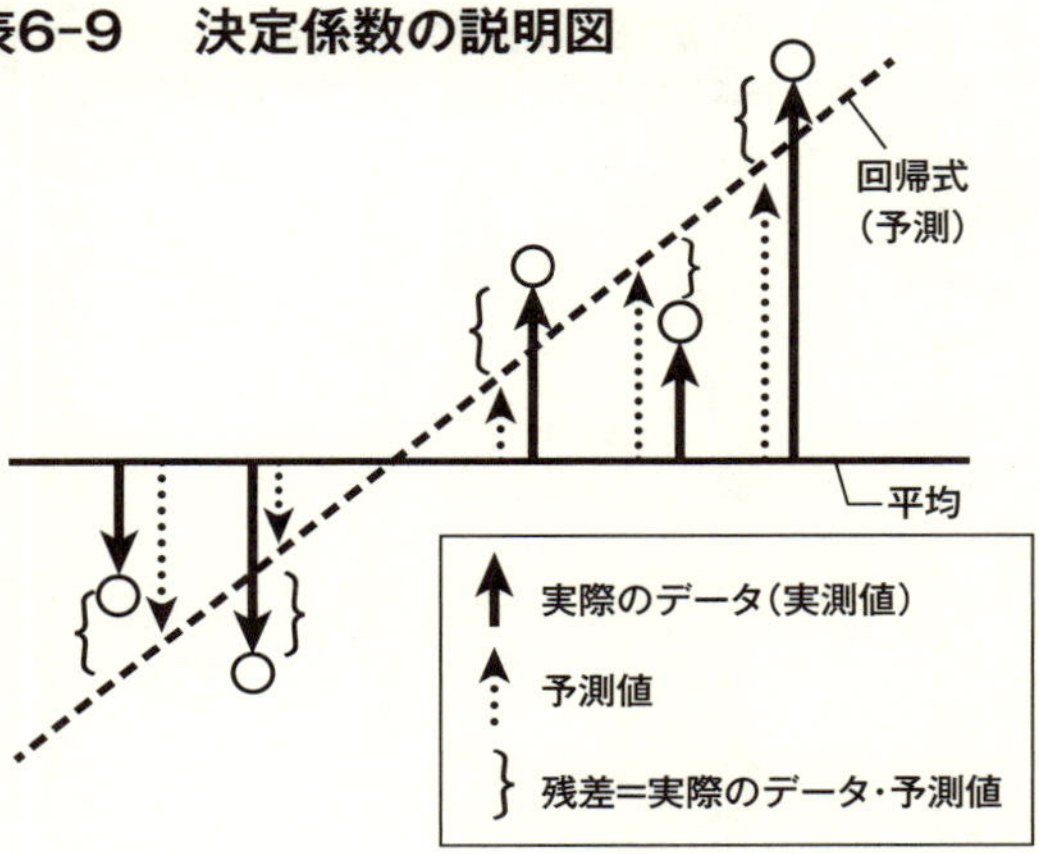

図表6－9を参照してください。データ全部の変動とは、平均から各データまでの隔たりを2乗した合計です（図の実線矢印）。一方、予測の変動とは、平均から予測値までの隔たりを2乗した合計です（図の点線矢印）。この2つが一致する割合を測ったのが決定係数というわ

けです。

決定係数＝{予測の変動}／{データ全部の変動}

＝{(予測値－平均値)^2}の合計／{(データ値－平均値)^2}の合計

実際のデータと予測のずれのことを「残差」と呼びます（図表6－9の⌒の長さ）。あるいは**「予測の誤差」**という言い方もします。

曲線で広がる回帰分析

さて、ここまでデータに対して直線を当てはめることを考えてきたのですが、世にある多くの関係は、必ずしも直線であるとは限りません。たとえば売り上げ1つ取っても、この厳しいご時世、直線的に伸びていくケースはむしろ稀《まれ》でしょう。発売当初は勢いよく伸びていき、そのうち一定の値に落ち着くといった、曲線的な関係の方が事実によく合致するかもしれません。ここではエクセルのグラフで扱うことができる、代表的な曲線をピックアップします（図表6－10）。

以下に紹介する曲線を直線の代わりにあてはめることで、回帰分析の幅は格段に広がります。

図表6-10　エクセルの近似曲線

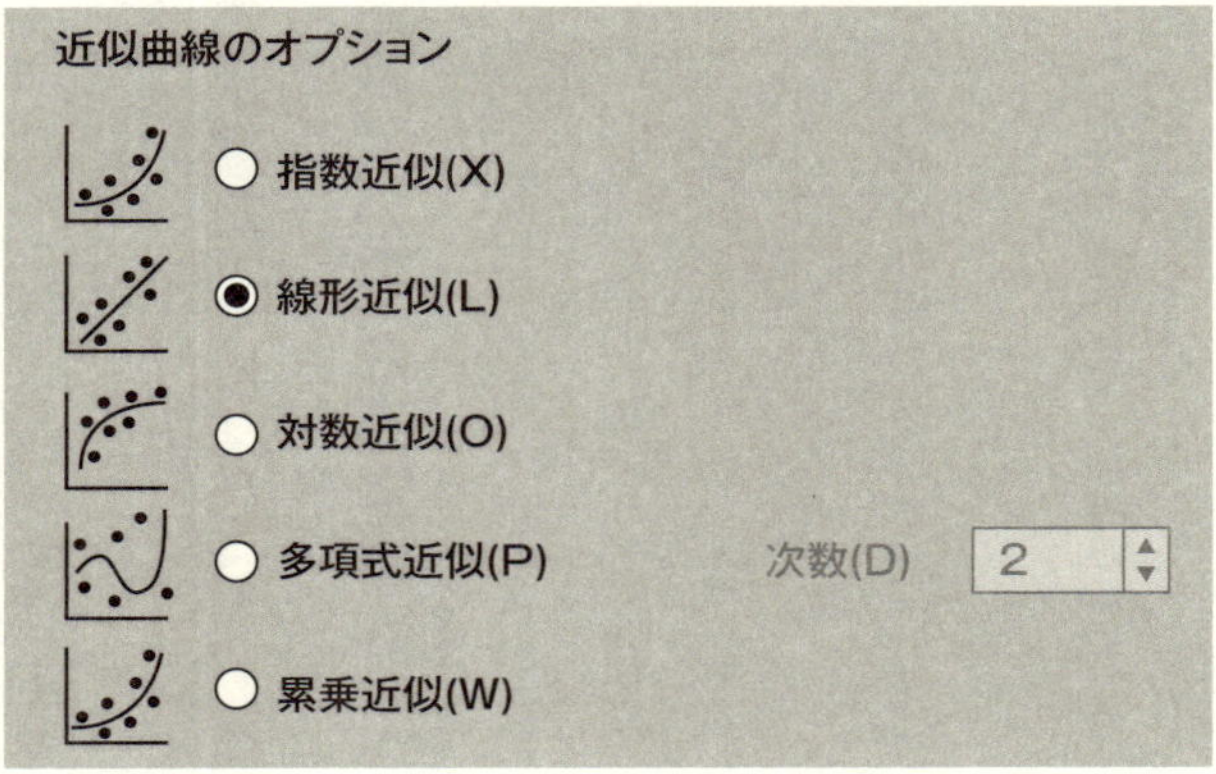

(1) 指数近似曲線

一定の割合で増加、または減少する曲線のことです。ネズミ算のように、親が一定の数ずつ子供を産んでいったときの個体数の増え方が、指数曲線となります。あるいは元本に対して一定の割合で増えていく利子も、指数曲線です。ネズミの増え方や借金の増え方など、雪だるま式に膨れ上がるのが指数曲線の特徴です。

減少の例としてネット上のキャンペーン広告に対するアクセス数が挙げられます。たとえば初日に100人、2日目に半分の50人、3日目にそのまた半分の25人……といった具合に、一定の割合で収束する過程に指数曲線が当てはまります。

あるいはプログラムで発見されるバグの数や、問題に対するクレームの数など、徐々に収まる過程にも指数曲線が当てはまります。

(2) 対数近似曲線

指数の反対に、進むにつれて成長が緩やかに鈍るのが対数曲線です。指数と対数は逆の関係にあって、指数がそのときの値に比例して成長するのに対し、対数はそのときの値に反比例して成長します。対数の感覚は、よく人の飽きの様子にたとえられます。

2杯目のビールは1杯目よりも価値が低い。

3倍目のビールは2杯目よりも価値が低い。

さらに、4杯目、5杯目と杯を重ねるにつれて、これが対数曲線なのです（なお、ビールのように消費が増えるにつれて効用が小さくなっていくことを、経済用語で**「限界効用逓減《ていげん》の法則」**と呼びます）。

ビールの例のように、量が増えるにつれて頭打ちになる変化に、対数曲線はうまく当てはまります。

(3) 多項式近似曲線

多項式とは、xの2乗、xの3乗、xの4乗……といった、変数のベキ乗の和で表される式のことです。グラフの上で見ると、

xの1乗は直線、
xの2乗はカーブが1つの曲線、
xの3乗はカーブが（最大）2つの曲線、
xの4乗はカーブが（最大）3つの曲線……
として捉えることができます。
この○乗という数のことを**「次数」**と言い、エクセルでも「次数」という入力欄から指定することができます。次数によって曲線の形は大きく変わります。ただ、ビジネス上の応用で3次以上の式を用いることは、ほとんどないと思います。実際に用いることがあるのは、xの2乗を含む2次式です。

2次式で表される曲線で、最も身近なものは**「放物線」**でしょう（ただし、図表6－10の多項式近似曲線はエクセルのアイコンのため、放物線にはなっていません）。

一定の重力によって加速し続ける物体は、放物線を描きます。同じように、何らかの一定の作用によって加速している状況は2次式にあてはまります。

たとえば、もし口コミが一定の力で作用し続けたなら、来客数は（逆さにした）放物線のように伸びることでしょう。

反対に、一定の力でブレーキがかかったなら、結果は宙に投げたボールのように頭打ちになることでしょう。

(4) 累乗近似曲線

「ベキ乗則」と呼ばれる法則に従う分布形状が累乗曲線です。第1章で述べた「ベキ分布」が、この累乗曲線に当てはまります。たとえばスピードが速いほど要する時間が短くなる、といった反比例関係は、累乗曲線の1つです。また、光の強さは光源（電球）からの距離の2乗に反比例する、といった物理における逆二乗の法則も累乗曲線で表されます。

ビジネスの世界では、第1章で紹介したパレートの法則、80：20の法則が累乗曲線にあてはまります。たとえば商品ごとの売り上げランキング、顧客ごとの購買金額、分野別の問題件数などに、累乗曲線は広くあてはまります。

これは他の曲線近似と性質が異なり、回帰分析ではありません。変動の激しいデコボコのデータについて、前後の平均を取ることで滑らかにするという処理です。

チャネル最適化の実際

実際のデータに直線、または曲線をあてはめることで、傾向の比較、予測が可能となります。
たとえばマンガに見たように、どこに、どれだけ予算を振り向ければ最も大きな効果が上がる

図表6-11　雑誌とネット広告比較のグラフ

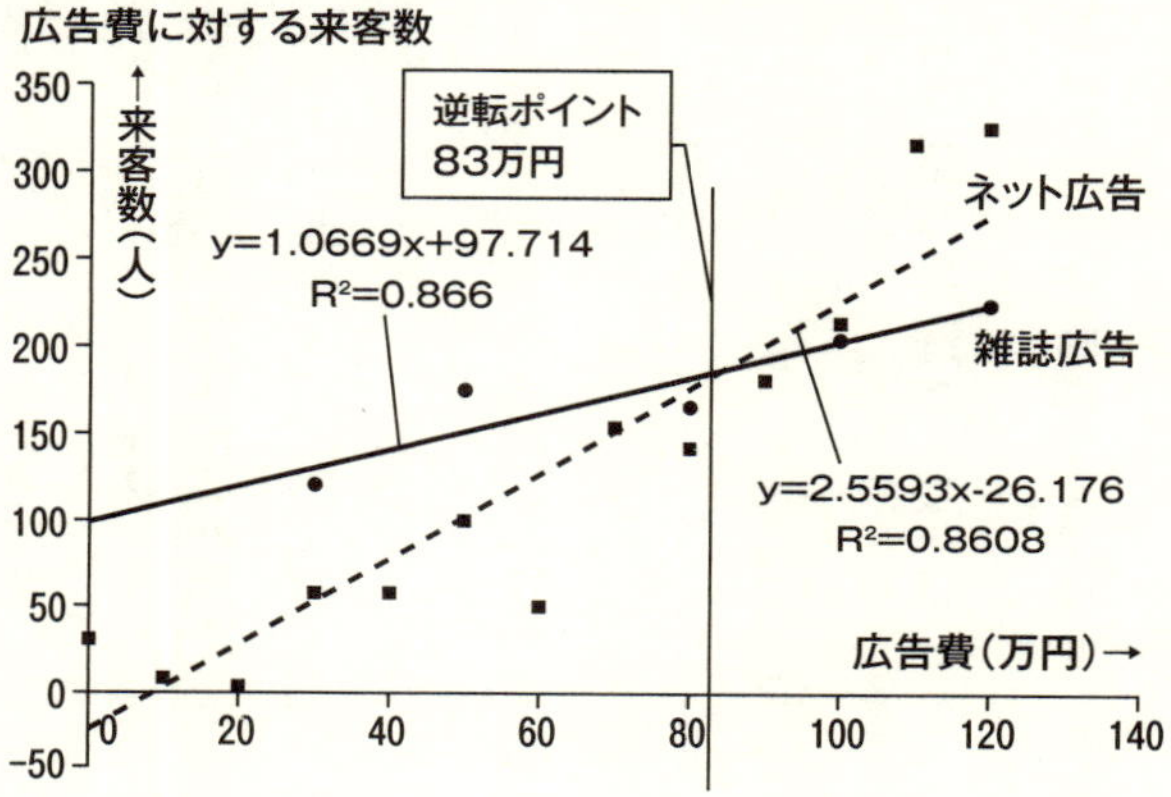

のか知りたかったとしましょう。試行錯誤の末に千尋さんが見出した方法は、広告チャネルについての回帰分析でした。

図表6－11は、マンガには出てきませんでしたが、千尋さんのお店で雑誌とネット広告にかけた予算と来客数のグラフです。雑誌の方は、最初から大きな効果が見込める反面、それ以上予算をかけても大きな伸びは見込めません。一方、ネット広告は低予算のうちはたいした効果はないのですが、予算をかけるにつれ、徐々に効果が大きくなっていく傾向が見て取れます。2本の線が交差する点が、雑誌とネットの効果が逆転するポイントです。計算すると、逆転ポイントは約83万円となります。

この逆転ポイント83万円を境として、予算が小さければ雑誌に、大きければネット広告に振り向けるのが、最も効率的な予算配分ということになります。千尋さんのお店では、将来的にはネットが大きくなること、とはいえ雑誌には固定客が多いことなどを総合的に判断して、雑誌からネット広告への転換を図る方針を打ち出しました。

ネット広告にはどれが当てはまる？

図表6－12は、これもマンガには出てきませんでしたが、千尋さんのお店でネット広告にかけた広告費と来客数のグラフです。

このデータにも、当てはまりそうな曲線の候補が3つもあります。

視覚的に当てはまりを評価するオススメの方法は**「残差プロット」**です。

「残差プロット」とは、図表6－13のようにデータと予測値の差分だけを取り出して、改めて別のグラフにプロットしたものです。

図表6－14は、ネット広告からの来客数（図表6－12）に当てはめられた3種類の曲線についての残差プロットです。これらのプロットに示される残差

図表6-12　直線、指数、2乗を当てはめた比較のグラフ

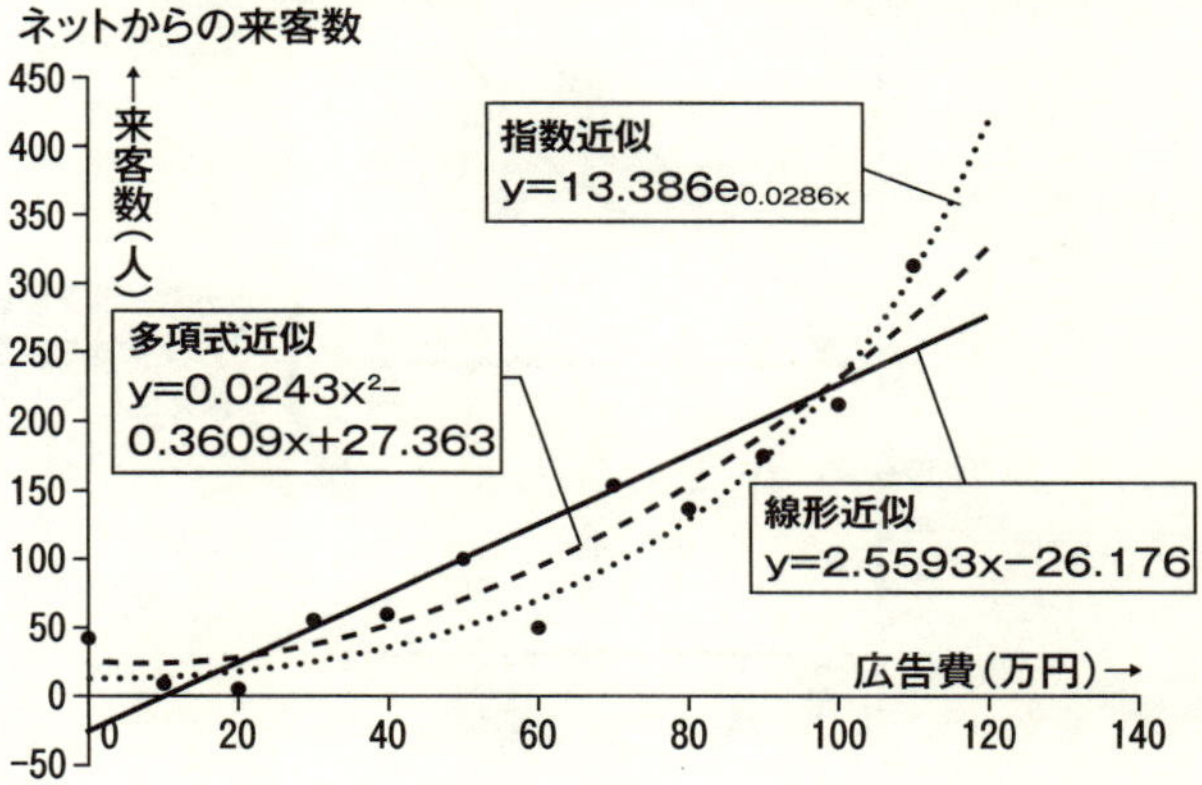

が小さいほど、当てはまりが良いと言えます。

チラシの対費用効果

272ページの図表6－15のグラフは、千尋さんが扱った、チラシの枚数に対する売り上げ効果のデータです。

このグラフから、何らかの突破口が見つかるでしょうか？　データの傾向を見るために、近似曲線を当てはめてみましょう。

千尋さんが発見したのは、チラシの枚数に対する効果が徐々に鈍るという事実でした。図表6－16には、線形近似（直線）と対数近似（曲線）を重ねて描かれています。2つの決定係数を比較すると、直線よりも、対数曲線の方が決定係数が大きくなっています。

図表6-13　残差プロットの説明図

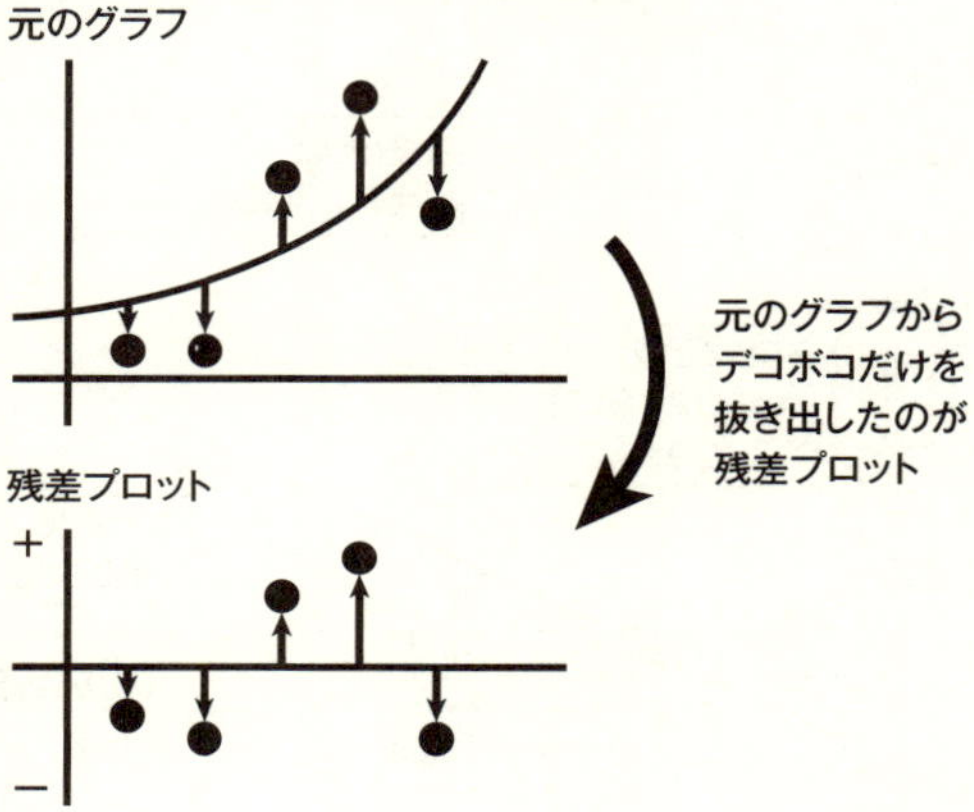
元のグラフ
元のグラフからデコボコだけを抜き出したのが残差プロット
残差プロット
＋
−

つまり効果の低下は気のせいではなく、数字に裏付けられた根拠が認められます。このように曲線を当てはめることで初めて効果の低下が明らかとなり、そこから「チラシによる広告費を抑えて、新たに紙袋に回しましょう！」といった提案の道も拓けるわけです。

エクセル近似曲線の限界

エクセルの近似曲線は強力なツールですが、あくまでも「近似」であり、一般的な最小2乗

図表6-14　残差プロット

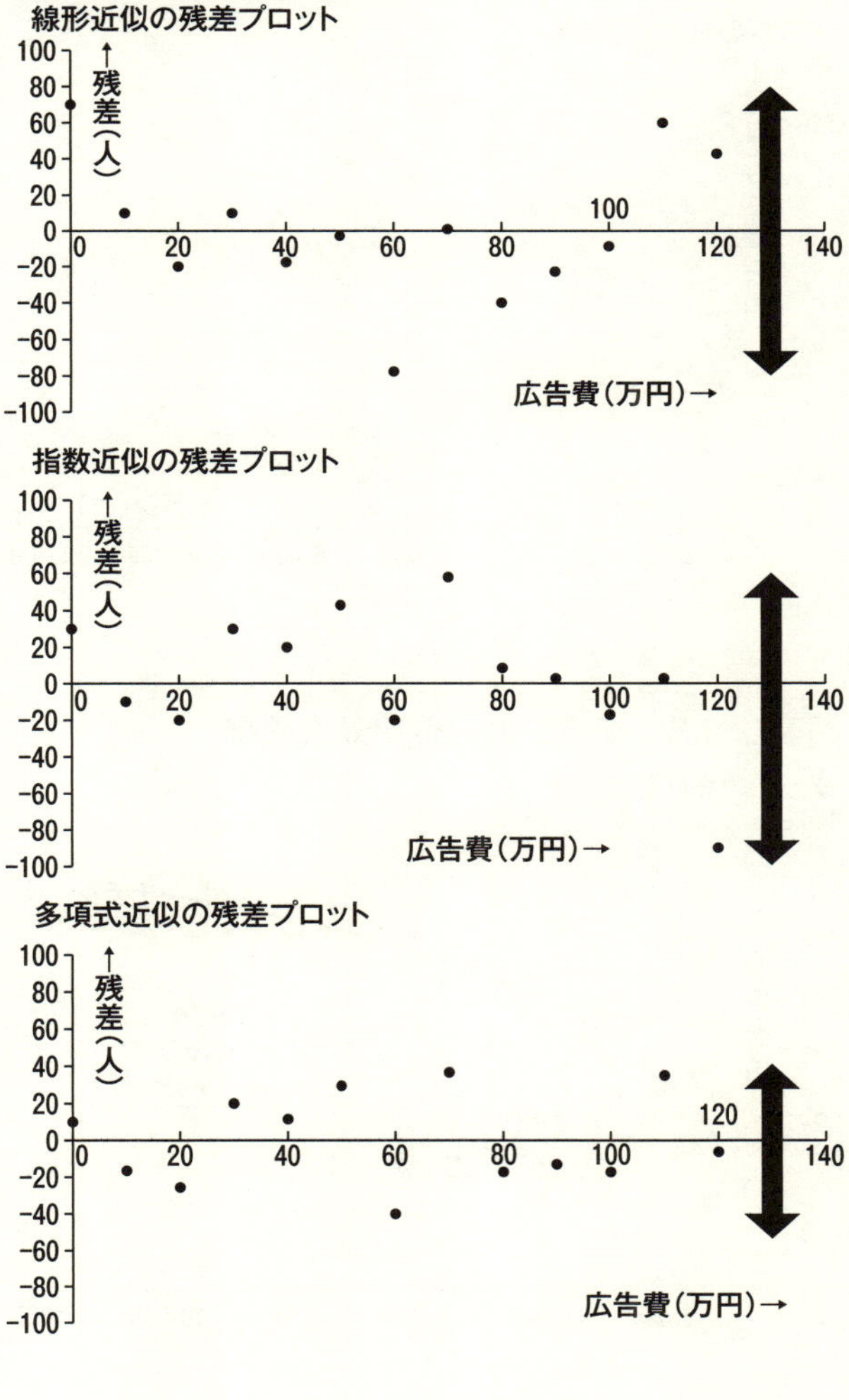

法とは結果が食い違うことがあります。食い違いが生じるのは「指数近似」「累乗近似」の2つです。

図表6-15　チラシの対費用効果

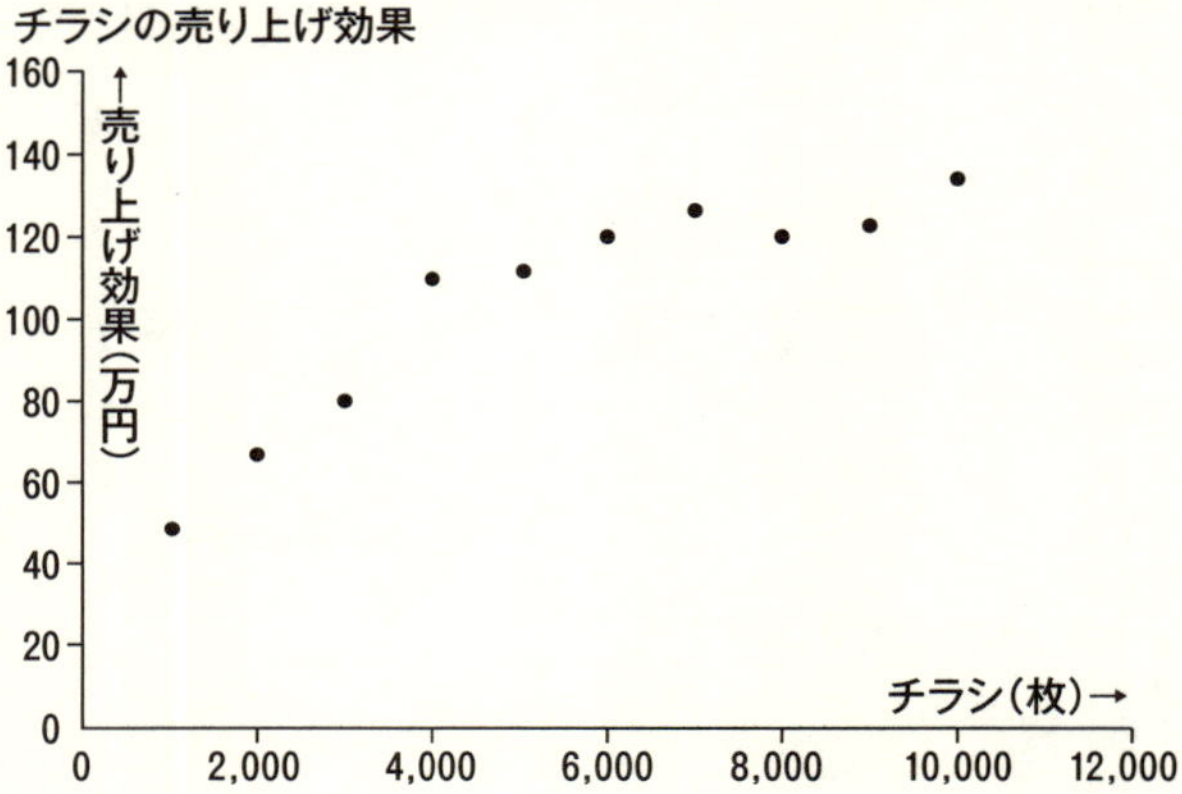

図表6-16　チラシの対費用効果曲線

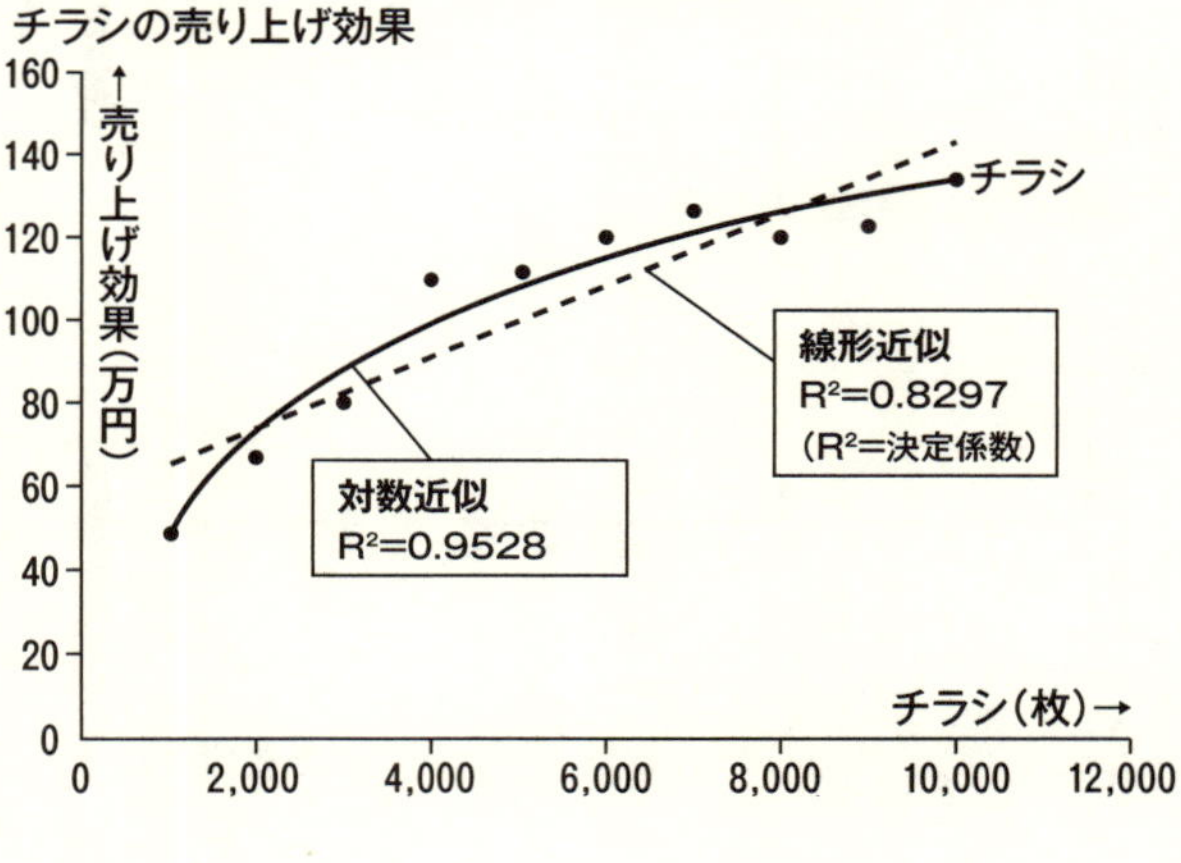

図表6-17にある線の一方は最小2乗法による当てはめ、もう一方はエクセルの近似曲線です。両者には、これだけの食い違いが生じています。この食い違いが問題となるような場面では、少なくともエクセルの近似を利用したことを明記しておきましょう。エクセルの「ソルバー」という機能を利用すれば、最小2乗法に近い結果を計算することも不可能ではありません。

ただ、その方法は本書の域を超えるので、適切な他の解説に譲ります。あるいはエクセルを離れて、本格的な統計ソフトウェアを活用するのが良い方法かと思います。

いずれにせよ、回帰分析を駆使してデータの傾向を読み取り、エクセルだけでは物足りなくなってきたならば、〝統計学の超基本〟レベルはひとまず卒業です。

今後はより高度な分析にステップアップして、ますます統計の世界を広げてください！

図表6-17　エクセル指数近似の食い違い

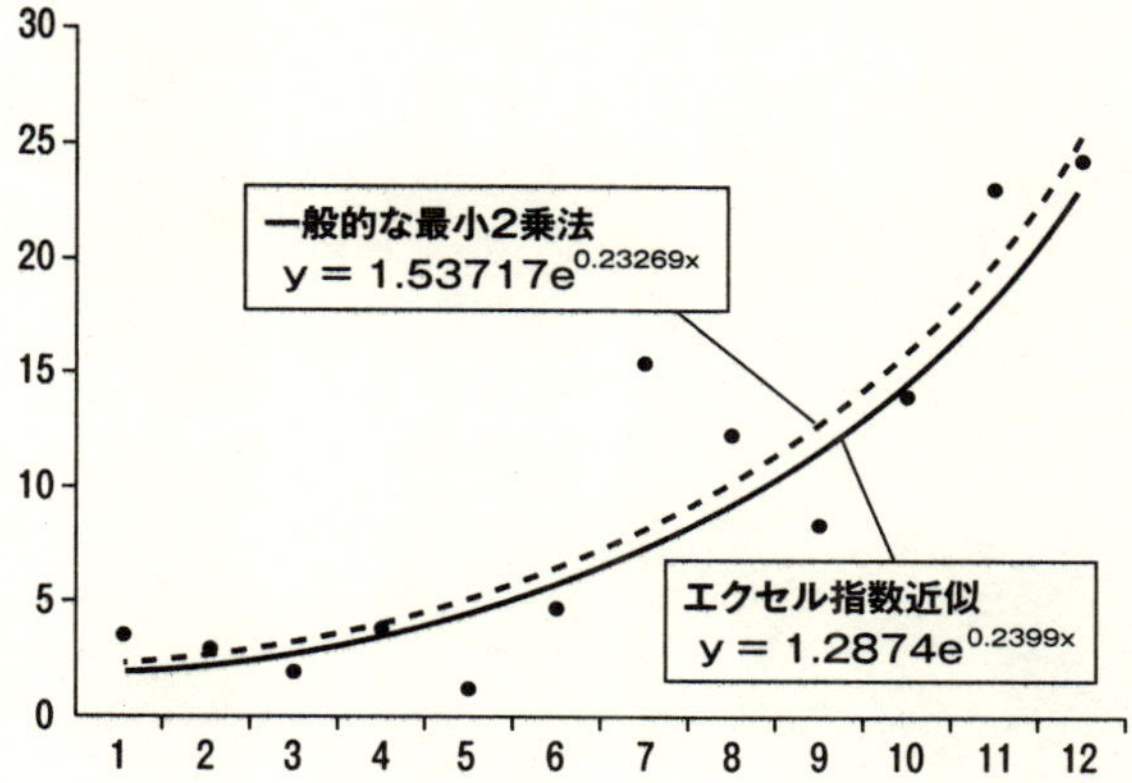

付録

エクセルの統計機能を使いこなそう

ヒストグラムのつくり方

ヒストグラムは、エクセルのグラフメニューから簡単につくることができます。
※（Office2016以降）

STEP 1

**2列に並んだ
データをマウスで
選択します。**

売上日付	商品価格
2019/4/1	¥9,500
2019/4/2	¥9,800
2019/4/3	¥5,800
2019/4/4	¥7,800
2019/4/5	¥3,300
2019/4/6	¥10,000
2019/4/7	¥3,000
2019/4/8	¥5,800
2019/4/9	¥6,300
2019/4/10	¥3,500
2019/4/11	¥9,800
2019/4/12	¥3,500
2019/4/13	¥10,000
2019/4/14	¥5,890
2019/4/15	¥7,500
2019/4/16	¥3,500
2019/4/17	¥4,200

STEP 2

**データを選択した状態で、
メニューの[挿入]→[グラフ]→[すべてのグラフ]→
[ヒストグラム]をクリック。**

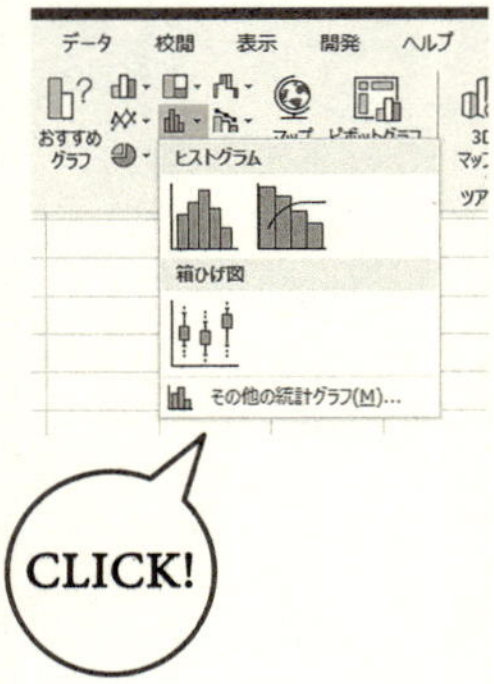

※エクセルにはこの他、関数の『FREQUENCY』、『COUNTIF』を使う方法、
『分析ツール→ヒストグラム』を用いる方法があります。

STEP 3

こんなヒストグラムができます。

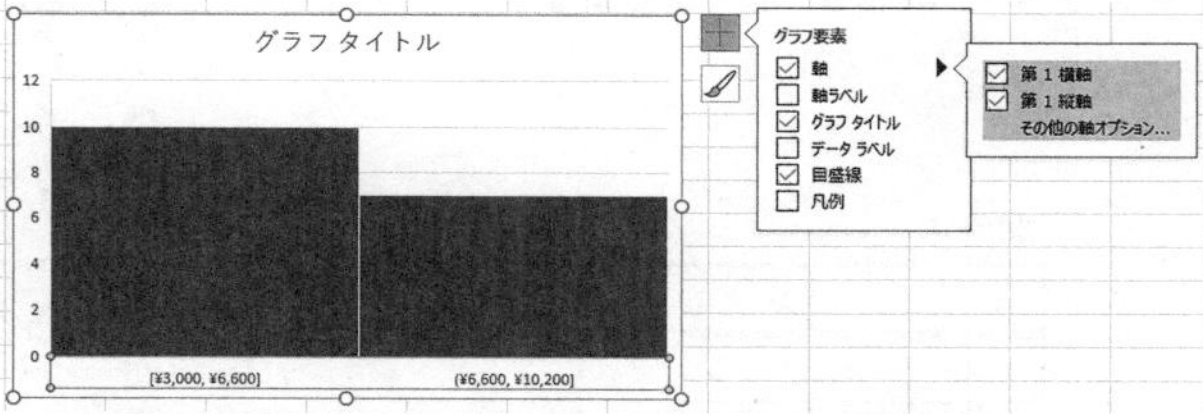

※パソコンの機種やバージョンにより2以外の数に分かれることもあります。

STEP 4

[軸の書式設定]→[その他の軸オプション]→[軸のオプション]から、ビンの幅（1区間の幅）、またはビンの数（階級の数）を指定します。

「ビンの幅」や「ビンの数」を指定
ここでは4と入力

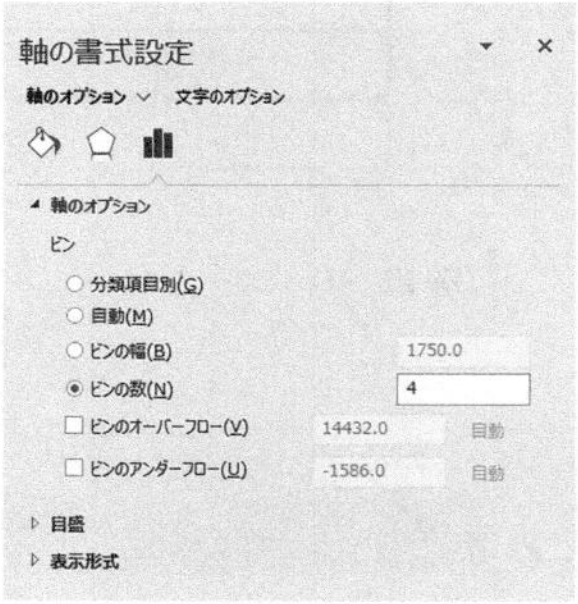

STEP 5

タイトルやデザインを整えて完成です。こうして売り上げを価格帯別に見ると、低価格帯だけでなく、高価格帯の商品もしっかり売れている様子が分かります。

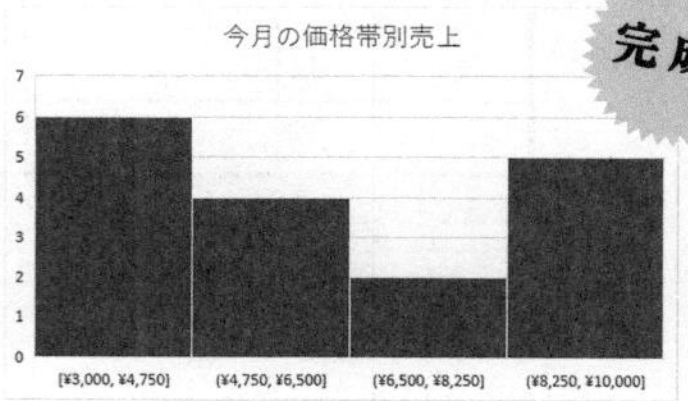

完成!

平均・分散・標準偏差の求め方

新人が説明にかかった時間（秒数）のデータについて、平均・分散・標準偏差を計算します。

STEP 1

まず"Tシャツ"の平均を求めましょう。"Tシャツ"列の下側の空きセル（B9）を選択します。

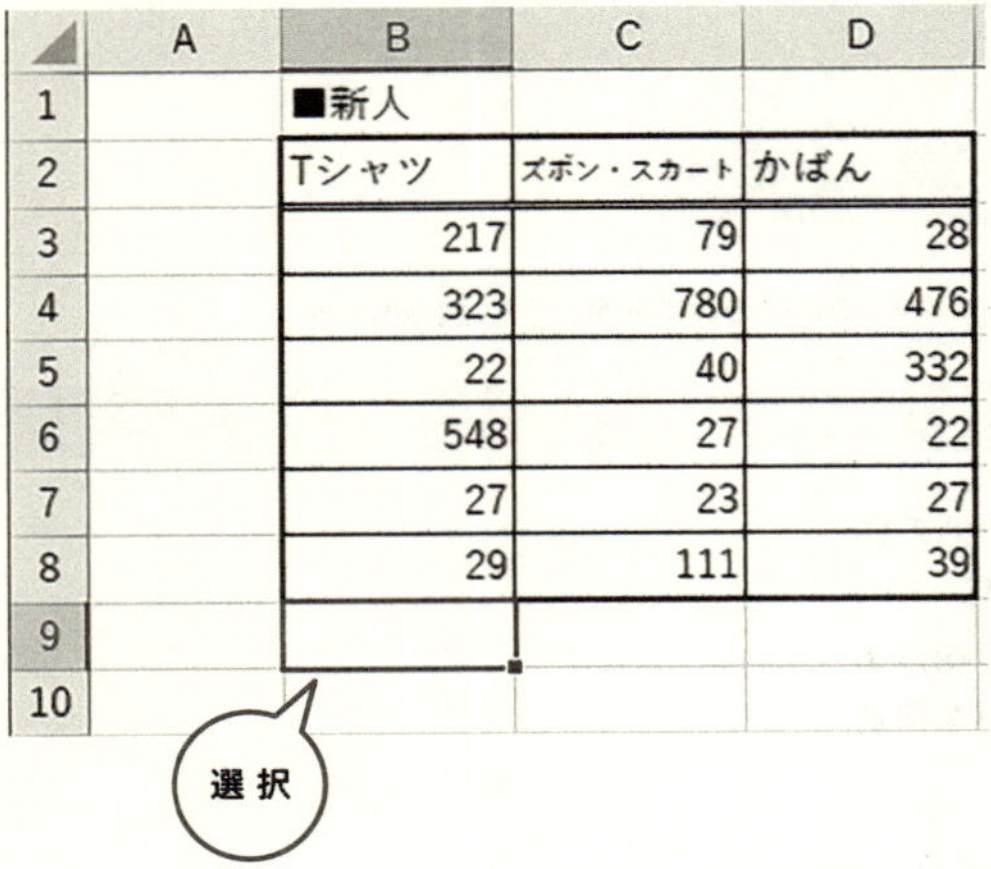

	A	B	C	D
1		■新人		
2		Tシャツ	ズボン・スカート	かばん
3		217	79	28
4		323	780	476
5		22	40	332
6		548	27	22
7		27	23	27
8		29	111	39
9				
10				

STEP 2

セルに『=AVERAGE(』と入力します。するとマウスカーソルが＋型に変わります。

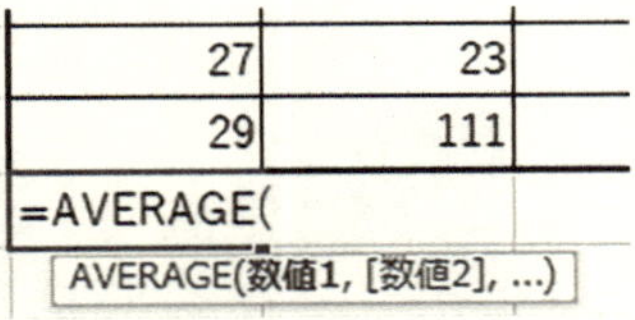

27	23	
29	111	
=AVERAGE(		

STEP 3

**＋型のカーソルで平均をとりたい範囲を選択します。
今の場合、B3：B8です。**

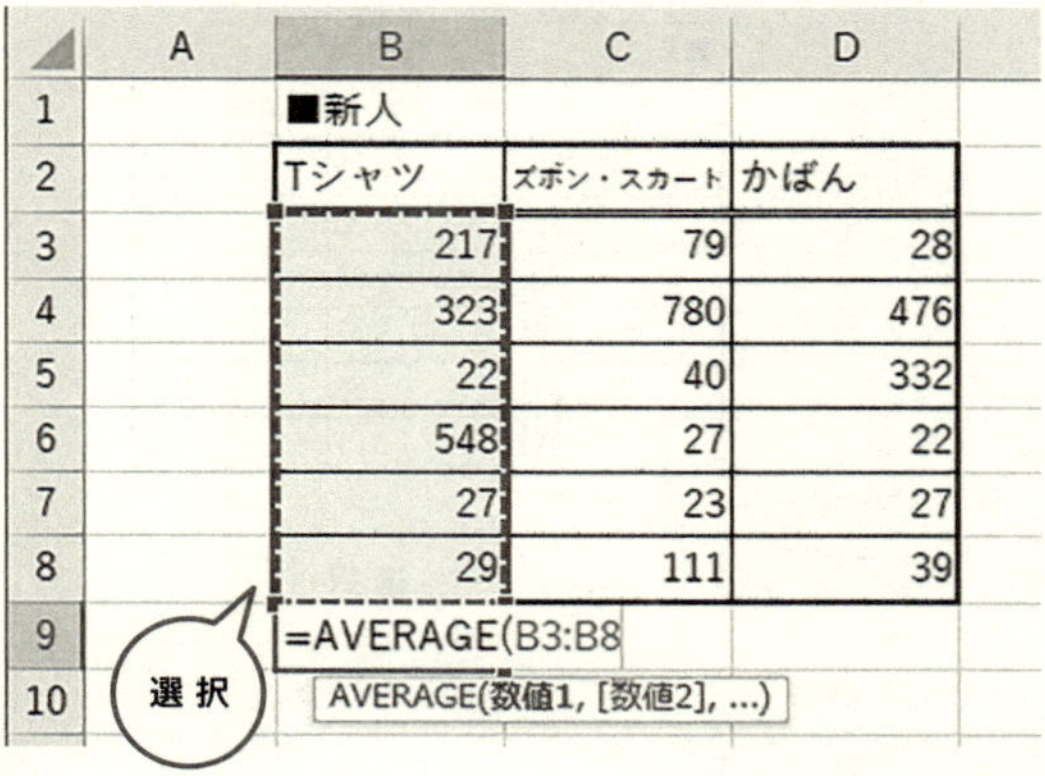

	A	B	C	D
1		■新人		
2		Tシャツ	ズボン・スカート	かばん
3		217	79	28
4		323	780	476
5		22	40	332
6		548	27	22
7		27	23	27
8		29	111	39
9		=AVERAGE(B3:B8		
10	選択	AVERAGE(数値1, [数値2], ...)		

STEP 4

)を閉じて、リターンキーを押すと、平均値が得られます。

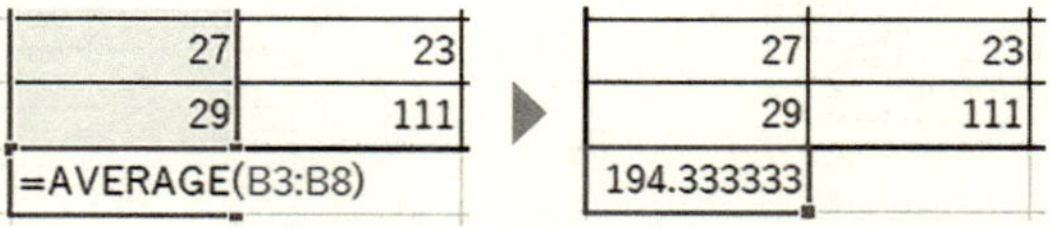

27	23
29	111
=AVERAGE(B3:B8)	

27	23
29	111
194.333333	

ヒント	マウスを使わず、空きセルに直接『AVERAGE（B3: B8）』と入力しても同じ結果が得られます。

STEP 5

続いて“Tシャツ”の分散を求めましょう。
“Tシャツ”列の適当な空きセル（B10）を選択します。

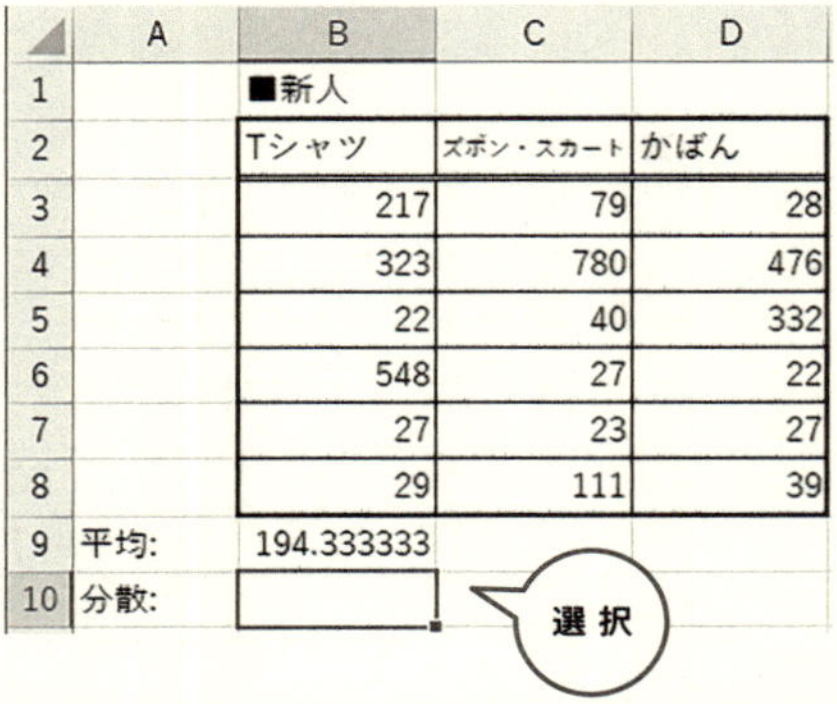

	A	B	C	D
1		■新人		
2		Tシャツ	ズボン・スカート	かばん
3		217	79	28
4		323	780	476
5		22	40	332
6		548	27	22
7		27	23	27
8		29	111	39
9	平均:	194.333333		
10	分散:			

STEP 6

セルに『=VARP(』と入力し、データの範囲をマウスで選択します。

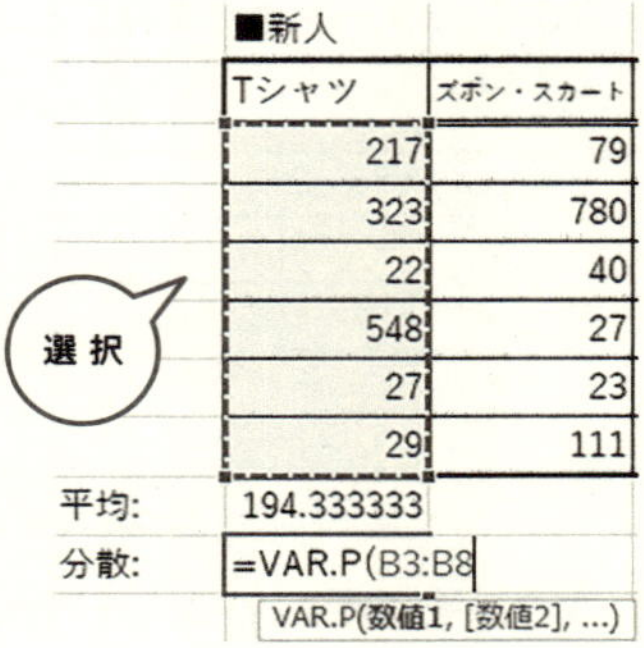

	■新人	
	Tシャツ	ズボン・スカート
	217	79
	323	780
	22	40
	548	27
	27	23
	29	111
平均:	194.333333	
分散:	=VAR.P(B3:B8	

STEP 7

）を閉じて、リターンキーを押すと、分散が得られます。

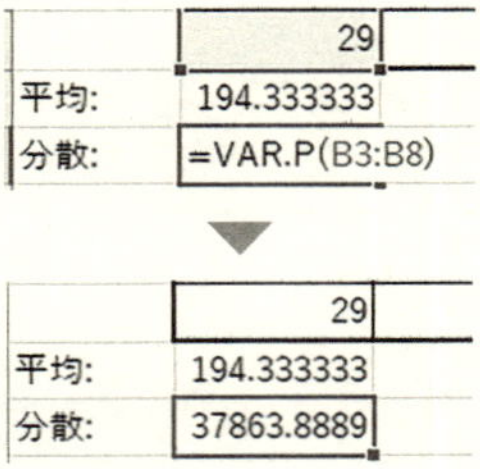

	29	
平均:	194.333333	
分散:	=VAR.P(B3:B8)	

	29	
平均:	194.333333	
分散:	37863.8889	

STEP 8

さらに“Tシャツ”の標準偏差を求めましょう。“Tシャツ”列の下側の適当な空きセル（B11）を選択し、同じ要領で今度は『=STDEV.P(』と入力します。

	■新人		
	Tシャツ	ズボン・スカート	か
	217	79	
	323	780	
	22	40	
	548	27	
	27	23	
	29	111	
平均:	194.333333		
分散:	37863.8889		
標準偏差:	=STDEV.P(B3:B8		
	STDEV.P(数値1, [数値2], ...)		

選択

STEP 9

）を閉じて、リターンキーを押すと標準偏差が得られます。

	29	
平均:	194.333333	
分散:	37863.8889	
標準偏差:	=STDEV.P(B3:B8)	

▼

	29	
平均:	194.333333	
分散:	37863.8889	
標準偏差:	194.586456	

STEP 10

以上を繰り返した結果です。
新人の標準偏差が平均値に比して大きいことがわかります。

	27	23	27
	29	111	39
平均:	194.333333	176.666667	154
分散:	37863.8889	73758.8889	33003.6667
標準偏差:	194.586456	271.585878	181.669113

完成！

相関係数はCORREL関数で一発

会話時間と退院までの日数データについて、相関関係を計算します。合わせて散布図も描きます。

STEP 1

適当な空きセルに『=CORREL(』と入力します。

	A	B	C
1		会話時間(分)	退院までの日数(日)
2	Aさん	4	4
3	Bさん	2	8
4	Cさん	5	6
5	Dさん	1	10
6	Eさん	3	7
7		=CORREL(	
8		CORREL(配列1, 配列2)	

入力

STEP 2

十型のマウスカーソルで会話時間の範囲を選択します。今の場合、B2:B6です。

	A	B	C
1		会話時間(分)	退院までの日数(日)
2	Aさん	4	4
3	Bさん	2	8
4	Cさん	5	6
5	Dさん	1	10
6	Eさん	3	7
7		=CORREL(B2:B6	
8		CORREL(配列1, 配列2)	

選択

STEP 3

『=CORREL(B2:B6』の後に続けてカンマ『,』を入力すると、会話時間データの選択が完了します。

	A	B	C
1		会話時間(分)	退院までの日数(日)
2	Aさん	4	4
3	Bさん	2	8
4	Cさん	5	6
5	Dさん	1	10
6	Eさん	3	7
7		=CORREL(B2:B6,	
8		CORREL(配列1, 配列2)	

STEP 4

続いて+型のマウスカーソルで退院までの日数の範囲を選択します。
今の場合、C2:C6です。

	A	B	C
1		会話時間(分)	退院までの日数(日)
2	Aさん	4	4
3	Bさん	2	8
4	Cさん	5	6
5	Dさん	1	10
6	Eさん	3	7
7		=CORREL(B2:B6, C2:C6	
8		CORREL(配列1, 配列2)	

選択

STEP 5

)を閉じて、リターンキーを押すと、相関係数が算出されます。

	A	B	C
1		会話時間(分)	退院までの日数(日)
2	Aさん	4	4
3	Bさん	2	8
4	Cさん	5	6
5	Dさん	1	10
6	Eさん	3	7
7		=CORREL(B2:B6, C2:C6)	

STEP 6

相関係数=−0.848……強い負の相関が確認されました。

6	Eさん	3	
7		-0.848528137	

STEP 7

合わせて散布図を描きましょう。2列のデータ全てをマウスで選択します。

	A	B	C
1		会話時間(分)	退院までの日数(日)
2	Aさん	4	4
3	Bさん	2	8
4	Cさん	5	6
5	Dさん	1	10
6	Eさん	3	7
7		-0.848528137	

選択

STEP 8

メニューから〔挿入〕→〔グラフ〕→〔すべてのグラフ〕→〔散布図〕をクリックすると、散布図が作成されます。

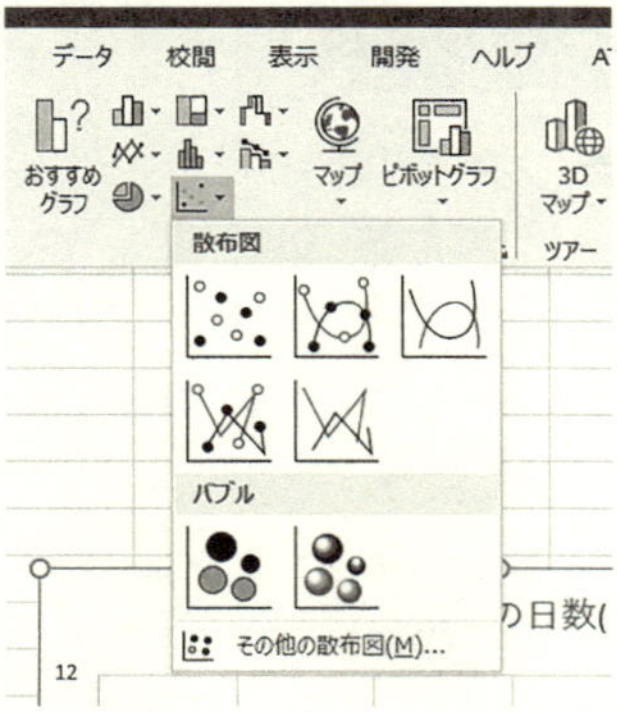

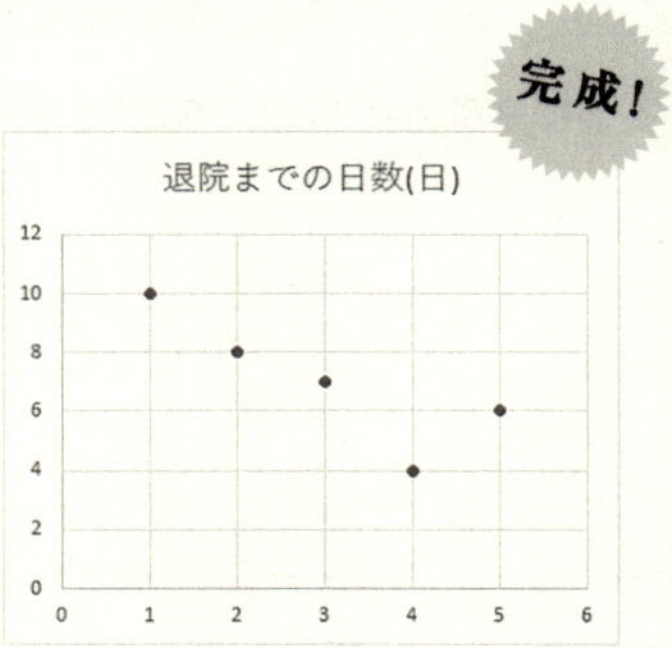

95%信頼区間を計算するにはCONFIDENCE.T関数

8人の標本データから、学年全体のお小遣いの推定区間を計算します。

STEP 1

まず不偏標準偏差を求めます。平均や分散の計算（第2章）と同じように、セルに『=STDEV.S(C2:C9)』と入力します。

	A	B	C	D	E
1			金額		
2	1	結衣	5100		
3	2	さくら	4200		
4	3	しほ	4800		
5	4	葵	5300		
6	5	悠人	3700		
7	6	紗月	5500		
8	7	絵里	3900		
9	8	颯真	3500		
10	不偏標準偏差：		=STDEV.S(C2:C9)		
11			STDEV.S(数値1, [数値2], ...)		
12					

入力

STEP 2

不偏標準偏差=772.7502となりました。

8	颯真	3500
不偏標準偏差：		772.7502

※ここでは"不偏標準偏差"を不偏分散の平方根という意味で用いています。
不偏推定量という意味ではありません。

STEP 3

信頼区間の幅を計算するには、セルに『＝CONFIDENCE.T(0.05,772.7502,8)』と入力します。0.05＝信頼水準を5%に指定。772.7502＝不偏標準偏差。ここにはセルの番号『C10』と書くこともできます。8＝サンプルサイズ（標本データの数）は8人。

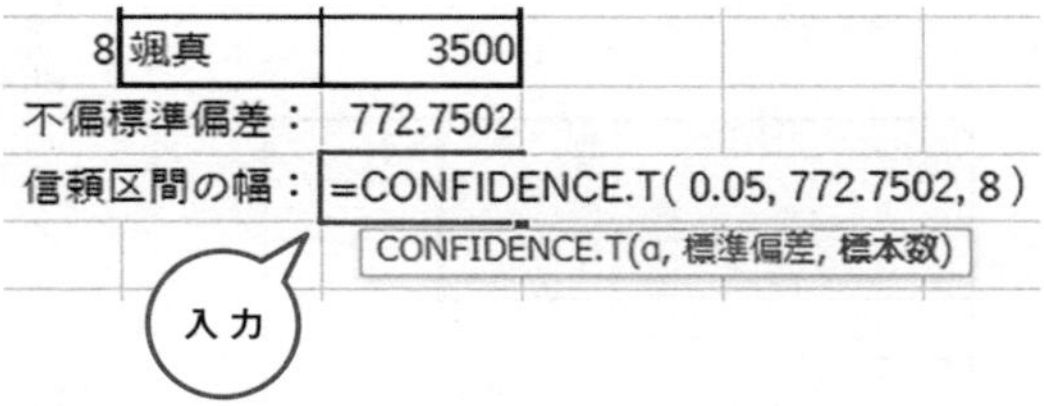

STEP 4

学年全体のお小遣いは95%の確かさで、（お小遣いの平均金額）－646円から、（お小遣いの平均金額）＋646円の間にあると言えます。

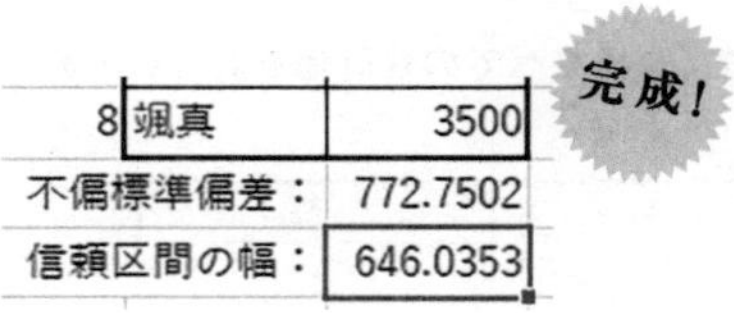

※マンガ中、解説文中では計算を分かりやすくするため、途中を小数点以下2桁で四捨五入しています。そのため、このエクセルの結果とは食い違いが生じています。

カイ二乗テストはCHISQ.TESTで計算

晴と雨の、時間帯ごとの来客数データから、来客の様子が天気によって異なるかどうか、独立性のカイ二乗検定を行います。

STEP 1

来客数の表の縦横、それぞれの合計値を計算します。例えば晴の列であれば、合計値を表示したいセルの上で『＝C3＋C4＋C5＋C6』のように、足し合わせるセルの番号を入力します。

	A	B	C	D	E
1					
2	実測値：	時間帯	晴	雨	合計：
3		10:00	508	368	
4		13:00	639	480	
5		16:00	1031	625	
6		19:00	841	602	
7		合計：	=C3+C4+C5+C6		

入力

STEP 2

同じようにして、縦横すべての合計値を計算します。

時間帯	晴	雨	合計：
10:00	508	368	876
13:00	639	480	1119
16:00	1031	625	1656
19:00	841	602	1443
合計：	3019	2075	5094

ヒント

合計には、『＝SUM（C3：C6）』という関数を使うこともできます。

STEP 3

今作った表の、合計値だけを取り出して、もう1つ同じ形の新しい表を作ります。新しい表には、合計から逆算した理論値を入れます。

	A	B	C	D	E
1					
2	実測値：	時間帯	晴	雨	合計：
3		10:00	508	368	876
4		13:00	639	480	1119
5		16:00	1031	625	1656
6		19:00	841	602	1443
7		合計：	3019	2075	5094
8					
9	理論値：	時間帯	晴	雨	合計：
10		10:00			876
11		13:00			1119
12		16:00			1656
13		19:00			1443
14		合計：	3019	2075	5094

ヒント

数値のコピーには、ペースト時に右クリック→〔貼り付けのオプション〕→〔値の貼り付け（123アイコン）〕を使うと楽です。
※機種やバージョンによって異なるケースもあります。

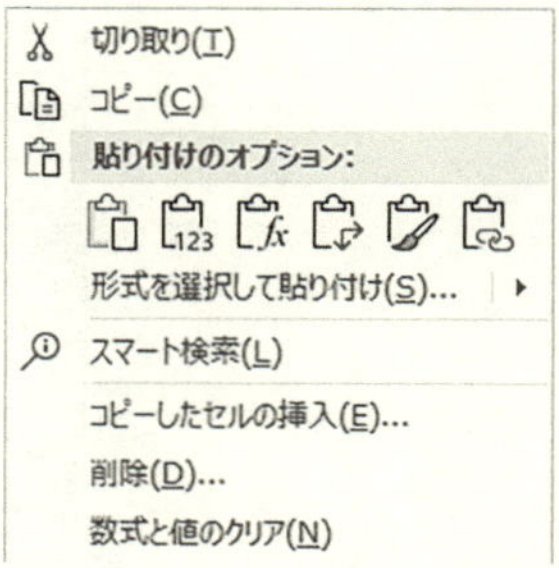

STEP 4

新しい表の理論値は、それぞれのセルについて、『＝(縦の合計)＊(横の合計)/(全ての合計)』を入力して計算します。

時間帯	晴	雨	合計：
10:00	=E10*C14/E14		876
13:00			1119
16:00			1656
19:00			1443
合計：	3019	2075	5094

▶

時間帯	晴	雨	合計：
10:00	519.1684	=E10*D14/E14	
13:00			1119
16:00			1656
19:00			1443
合計：	3019	2075	5094

▶

時間帯	晴	雨	合計：
10:00	519.1684	356.8316	876
13:00	=E11*C14/E14		1119
16:00			1656
19:00			1443
合計：	3019	2075	5094

▶

時間帯	晴	雨	合計：
10:00	519.1684	356.8316	876
13:00	663.1843	=E11*D14/E14	
16:00			1656
19:00			1443
合計：	3019	2075	5094

STEP 5

全ての理論値の計算を終えると、このような2つの表ができあがります。

実測値：

時間帯	晴	雨	合計：
10:00	508	368	876
13:00	639	480	1119
16:00	1031	625	1656
19:00	841	602	1443
合計：	3019	2075	5094

理論値：

時間帯	晴	雨	合計：
10:00	519.1684	356.8316	876
13:00	663.1843	455.8157	1119
16:00	981.4417	674.5583	1656
19:00	855.2055	587.7945	1443
合計：	3019	2075	5094

STEP 6

セルに『=CHISQ.TEST(C3:D6,C10:D13』と入力します。C3:D6は実測値の範囲、C10:D13は理論値の範囲です。

	A	B	C	D	E	F
1						
2	実測値：	時間帯	晴	雨	合計：	
3		10:00	508	368	876	
4		13:00	639	480	1119	
5		16:00	1031	625	1656	
6		19:00	841	602	1443	
7		合計：	3019	2075	5094	
8						
9	理論値：	時間帯	晴	雨	合計：	
10		10:00	519.1684	356.8316	876	
11		13:00	663.1843	455.8157	1119	
12		16:00	981.4417	674.5583	1656	
13		19:00	855.2055	587.7945	1443	
14		合計：	3019	2075	5094	
15						
16			=CHISQ.TEST(C3:D6, C10:D13			
17			CHISQ.TEST(実測値範囲, 期待値範囲)			
18						

入力

STEP 7

もし、晴と雨で等しいと仮定した場合に、このような来客数が実現する可能性は0.02程度です。一般的な水準0.05より小さいので、晴と雨の来客パターンには有意な差があると言えます。

合計：	3019	2075
	0.023571	

完成！

回帰分析は近似曲線で簡単にできる

チラシの枚数と売り上げデータのグラフに、傾向を示す曲線を当てはめます。

STEP 1

2列のデータをマウスで選択します。

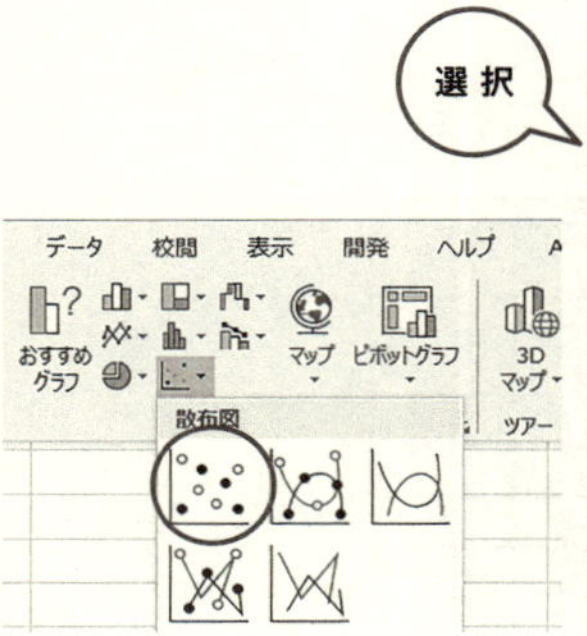

枚数(枚)	売上(万円)
1,000	48
2,000	67
3,000	80
4,000	109
5,000	111
6,000	120
7,000	127
8,000	120
9,000	124
10,000	133

STEP 2

データを選択した状態で、メニューの〔挿入〕→〔グラフ〕→〔すべてのグラフ〕→〔散布図〕をクリックすると、売り上げのグラフが作成されます。

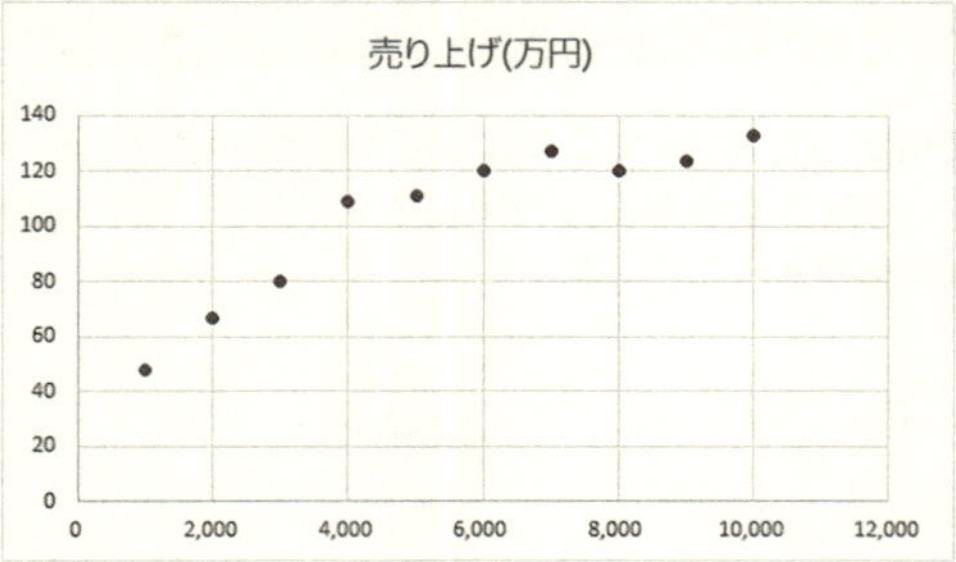

STEP 3

グラフの右側〔＋〕アイコンから〔近似曲線〕→〔線形〕を選ぶと、グラフ上に直線が描かれます。

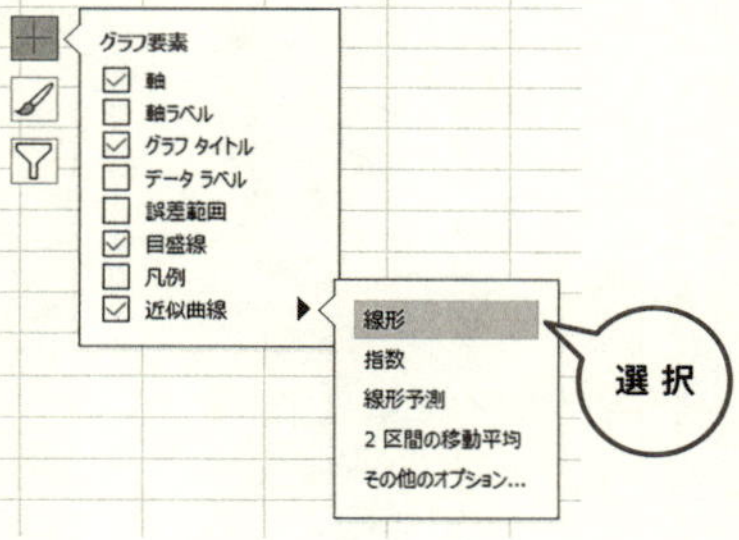

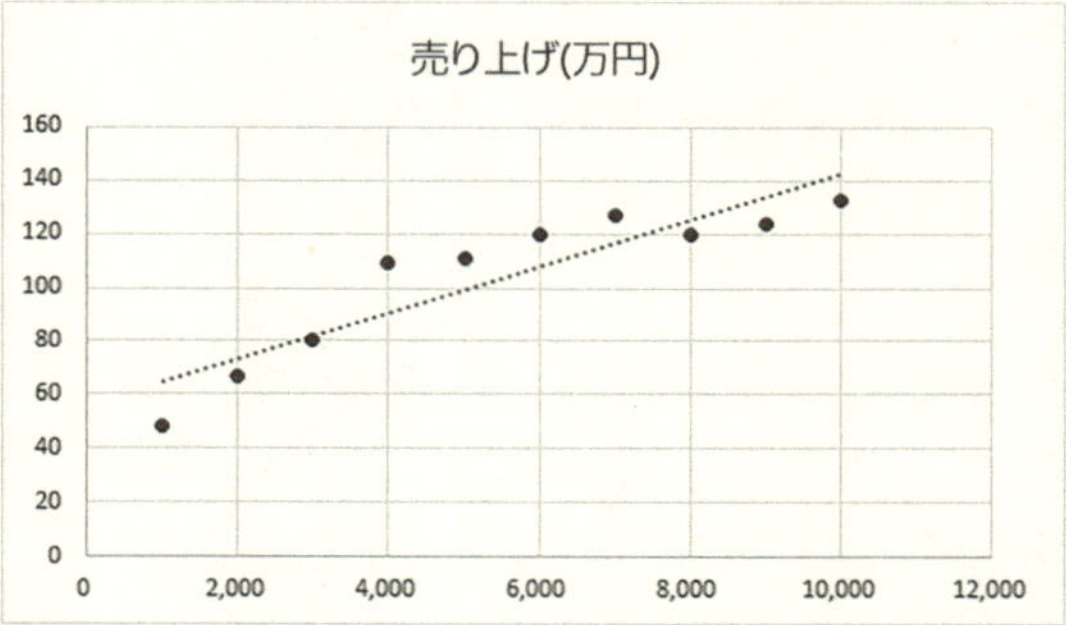

STEP 4

さらに〔その他のオプション〕を選ぶと、画面右側に"近似曲線の書式設定"が現れます。

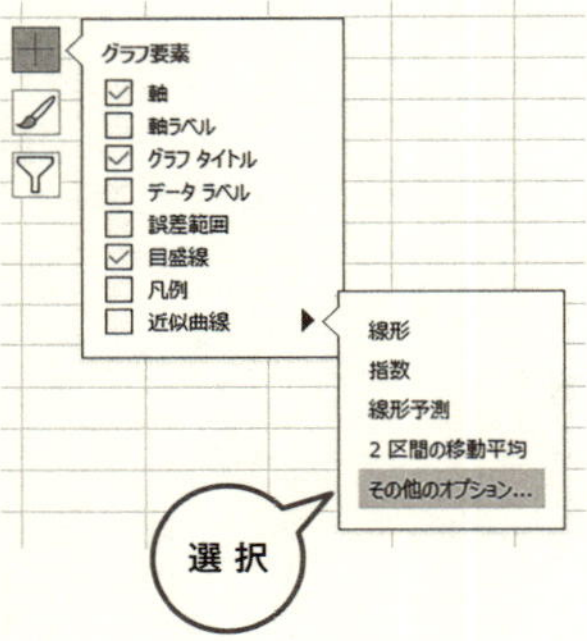

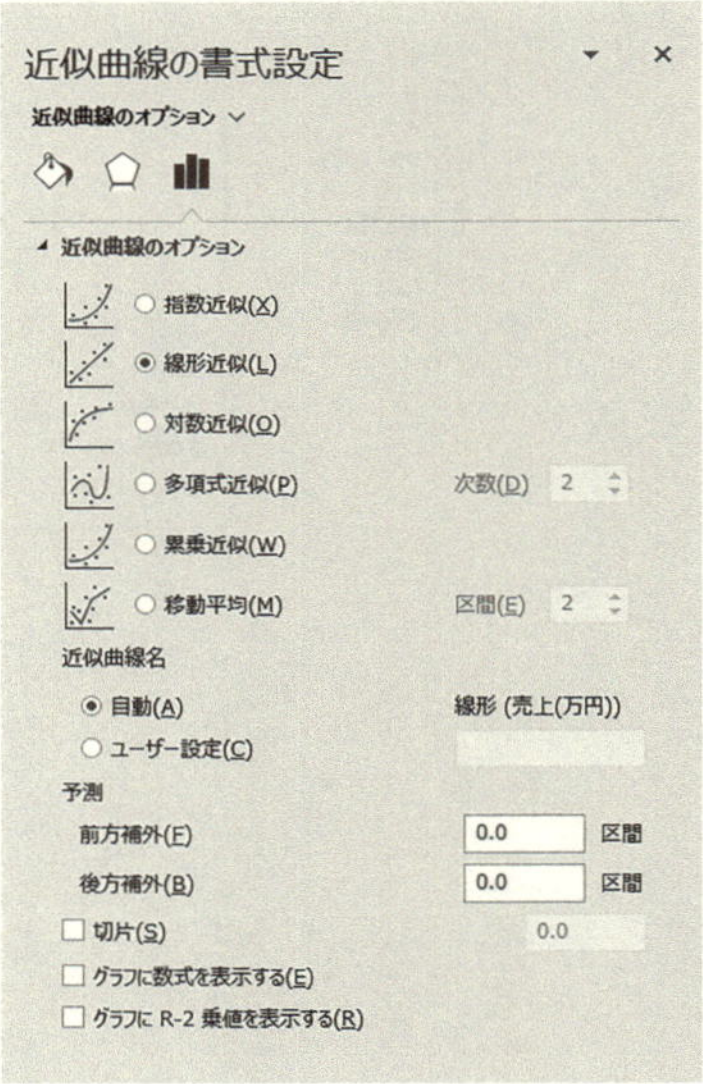

STEP 5 6

⑤ “近似曲線の書式設定”で〔対数近似〕を選ぶと、グラフ上に対数曲線が描かれます。チラシの枚数に対する売り上げが頭打ちになっている様子が見てとれます。

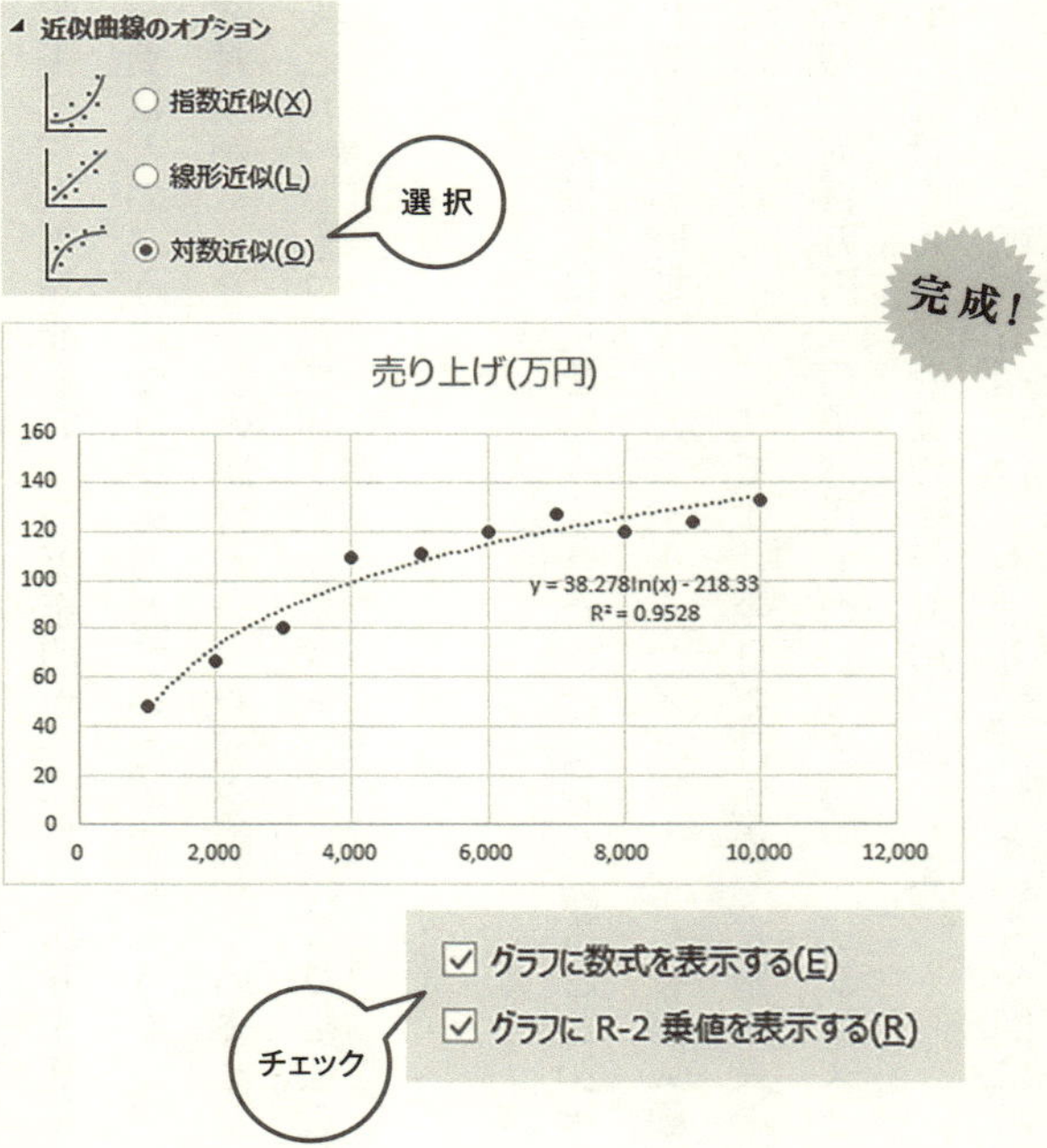

⑥ “近似曲線の書式設定”の下にある〔グラフに数式を表示する〕と〔グラフにR-2乗値を表示する〕にチェックを入れると、回帰式と決定係数が追記されます。

あとがき

統計を巡る事情は、ここ数年から数十年のスパンで大きく変わりつつあります。昨今のニュースで、ビッグデータ、人工知能という言葉を聞かない日はありません。それでは10年前に、人工知能という言葉はどのように受け止められていたのでしょうか。当時を思い返せば、せいぜい専門家の研究対象か、ＳＦ小説の題材といった域を脱していませんでした。統計の世界を変えたのは、なんと言ってもコンピュータとネットワークの普及に依るところが大きかったものと感じます。

筆者が統計ビジネスの世界に足を踏み入れたのは、今を去ること20年前、ちょうどインターネットが本格的に普及する時期でした。データマイニング、ＣＲＭ（顧客関係管理）といったキーワードがもてはやされていた時代です。今日では極めて安価に入手できるようなプログラムやデータが、当時は何百万円、何千万円もかかりました。ビジネスとしての統計解析は誰もが手軽に試せるわけではなく、まだまだ手探りの領域でした。

そうした手探りの領域で頼れる指針は、やはり統計学という学問に求められます。当時、右も左も分からなかった筆者は頼れる知識を、とにかく統計学と名の付く書籍から得ようと試行錯誤を重ねました。統計学の知識と、ビジネスの現場を行き来するうちに、１つ、筆者の中でいつも痛感させられる現実があります。それは、『学問としての統計学と、ビジネス現場で求められる成果の間には隔たりがある』という現実です。

数字としての結果は、どうビジネスの成果に結びつくのか？

それって役に立つのか？

これは筆者だけでなく、データをビジネスに応用する際、必ずや問われる課題でしょう。

統計学は、もともと学問の畑で生まれ育った概念です。学問としての統計には、厳格で慎重な態度が臨まれます。一方、ビジネスに求められるものは成果です。もし〝統計的に有意とは言えない〟結果が得られたとき、ビジネスとしては失敗なのでしょうか。

この本は、統計がビジネス現場にどう役立てるかを強く意識して作りました。

たとえば〝分散〟という指標は統計学の基礎であり、学問としての統計では当然確認すべき値です。では、分散はビジネスにどう結びつくのか。仮に分散を調べるのに大変なコストがかかるのだとしたら、コストを上回る成果が見込めるのか。

このマンガでは、「データが単一グループか複数グループかなのかを見分ける手がかりが分散（標準偏差）なんだ」としました。学問として見るならば、これは分散（標準偏差）のほんの一面しか捉えていません。それでも何の役に立つのかと問われたとき、確かに分散が役立つ一面がここにあります。

あるいは〝相関係数〟という指標も、基礎統計の一環として常にチェックされる値です。ならば、相関係数によって今まで知らなかった関係が初めて解き明かされた、という事態があるのかというと、残念ながら筆者はそのような劇的な場面に出会わせたことがありません。ほとんどの場合、現場で当然知られていたような関係がそのまま相関係数になるだけです。

では、相関係数を調べることにビジネス上の意味はないのでしょうか。マンガでは「数字には説得力がある」としています。相関係数の主たる役割は、未知なる法則の発見ではありません。思い込みを正し、事実としての説得力を生む。それが相関の役割です。

統計学は、魔法の箱ではありません。統計学を生かすには、常にその場その場の創意工夫が必要です。そうした工夫の跡を多少なりとも伝えようとしたのが、このマンガという試みです。

統計学をさらに発展させた人工知能や未来のテクノロジーについても、結局は同じ課題に直面することと思います。今後、統計ビジネスの世界が発展普及するにつれ、知識としての学問とビジネス現場の溝は、ますます深まるものと思います。そうした溝を埋める手助けをするのが、本書の目指すところです。

この本を作るにあたり、多くの方々に助けていただきました。特にマンガについては、ストーリー作者の星井様、作画の松枝様をはじめ、トレンドプロの方々の尽力の成果です。筆者の拙い説明を実に上手くマンガにまとめ上げたと感心しています。また、編集の小川様には、遅れがちな筆者を激励し、形になるまで辛抱強く進めていただいたことに感謝しております。

最後に、この本を手に取っていただいた、読者の方々に感謝します。

この本は、20年前の筆者と同じように、ビジネス統計の世界に放り込まれてしまった人を念頭に置いて作りました。この本をヒントに、読者の皆さん一人ひとりが、直面するビジネス課題を自らの創意工夫で乗り切ってもらうことが、筆者としての望みです。

2019年3月

中西達夫

た行

は行

ま行

や行、ら行

索引

マンガ制作／トレンド・プロ
装丁／タテルデザイン
図版／タナカデザイン
校正／桜井健司（コトノハ）

中西達夫（なかにし・たつお）

1966年東京都出身。データサイエンティスト。大妻女子大学非常勤講師。筑波大学大学院理工学部研究科中退。その後、半導体開発、ゲームソフトウェア開発、オープン系システム開発に携わる。日本初のリコメンデーションシステムの導入をきっかけに、統計解析の世界へ入る。現在は、統計手法を応用したシステム開発、コンサルティングを手がけている。株式会社モーション取締役。科学技術をやさしく説明することをライフワークとしている。

編集　小川昭芳

マンガでわかる超カンタン統計学

二〇一九年四月二十三日　初版第一刷発行

著者　中西達夫
星井博文／マンガ原作　松枝尚嗣／作画

発行者　岡　靖司

発行所　株式会社小学館
〒一〇一-八〇〇一　東京都千代田区一ツ橋二-三-一
編集　〇三-三二三〇-五一一七　販売　〇三-五二八一-三五五五

印刷所　萩原印刷株式会社

製本所　株式会社若林製本工場

ISBN 978-4-09-388689-5

本書はＷＥＢマガジン『BOOK PEOPLE』２０１７年11月から２０１８年5月にかけて連載した「中西達夫のマンガでわかる統計学入門」を改題し、大幅に加筆修正を加え、まとめたものです。